''' 可愛又好做 '''
手織娃娃服

예쁘고 만들기 쉬운

손뜨개 인형옷

Prologue

尹孝振

歡迎來到只要有線、針就能製作出想要的娃娃服飾,如此充滿魅力的編織世界。如果各位喜歡手工藝或小巧玲瓏的東西,一定能在這本書裡得到快樂的時光。

即便是初次接觸編織的人,我也很推薦從織娃娃的衣服開始。因為娃娃服和人的衣服相比,編織過程更為簡潔,成品也很快就能成形,能夠更輕易地獲得成就感。再加上可以自由地增添一些可愛的裝飾細節,整個編織時間都令人愉悅。最重要的是不需要大量線材,所以不會造成太大的經濟負擔,很適合當作一項休閒活動。

我起初接觸娃娃服時,其實也什麼都不懂,我唯一會的只有打鉤織的短針,是經過不斷研究人類衣服的製作方法後,才懵懵懂懂地開始織了起來。後來我將做出的娃娃服拍照、上傳到社群網站後,出乎意料地獲得眾多關注。再後來,為了那些同樣想編織娃娃服的人,我開始盡我所能地分享娃娃服的製作方法,而我的編織技術也在此過程中日益提升。

書中收錄了各式各樣的織圖,都是我日積月累、親手製作娃娃服之下領悟出來的,希望能為想織娃娃服卻不知道如何著手的人,提供一套有效且輕鬆的方法。期待各位能與我一同開開心心地慢慢鉤,也去感受親手為娃娃穿上衣服時的心動和激動。只要一針一針鉤下去,實力一定會不知不覺地提升,到時候便能依照各位的想像,去設計出專屬自己的娃娃服。

第一次出書讓我學習到很多事。正因為身邊存在著許多期待我的作品並支持我的人,這本書才得以問世。真心感謝為我織出的娃娃服戴上翅膀的兩位貴人,那就是准許我使用「Darak-i」人偶進行拍攝的創作者,以及協助我製作超搭鞋子的「Class 101」尹媽媽。也很感謝我的家人和親朋好友在我做著天馬行空的事情時,無時無刻地照顧我、為我加油打氣。此外,我要與我的孩子書允一同分享這本書的榮耀,是他讓我踏上了這條美麗又幸福的編織之路。

李珊羅

當我接到出版提案時，心臟彷彿要爆炸了。那份悸動和興奮難以言喻，心情就跟我開設YouTube頻道「Made by Sanra」時一模一樣，足以讓我從作為妻子和母親的五年日常生活中抽離。對於面對日復一日的二十四小時，還因育兒而疲憊不堪的我來說，編織宛如甘霖。即使剛起步時，連製作一個洗碗布也花了半天時間，但一旦體會到親手完成的成就感後，就再也放不下了。

謝謝「Yarni-Yarn Knit world」的可靠大姊雅妮，讓我不是作為誰的媽媽、誰的妻子，而是用我的名字大大發光，並為我開啟作家之路；謝謝舒比格，化身創意智庫，每當我陷入在自己的世界時都在一旁引領方向；謝謝每次推出新作品時都抽空幫忙測試的Yarni-Yarn老師群；謝謝當我在YouTube上更新影片時，都能在一秒內點擊「喜歡」，也留下「好漂亮」等鼓勵的話語，為我加油的Yarni-Yarn Knit world所有會員。最後，我想對深夜哄孩子們睡覺、在我進行拍攝和剪片時默默支持我的善良丈夫，還有成為我作品模特兒的兩個孩子說一聲「我愛你們」。

今後，我也想繼續透過更簡單又漂亮的手工編織陪伴各位。

朴壽真

2009年我決意走上專業編織家的路，之後便以此身分生活至今。因為喜歡從事設計、開發與傳遞的工作，現正經營一家位於首爾京義線林蔭道、讓娃娃和編織共存的複合式咖啡工作坊。

我在這本書中介紹的都是製作時間短、極具魅力的鉤針編織作品。整體概念就像是我們童年時玩洋娃娃，會有各式各樣的衣服單品，可為娃娃從內衣、洋裝到大衣做搭配。此外，為了完善一不小心就可能顯得粗糙的鉤針組織，我也在設計時加入了荷葉邊等裝飾。

透過這本書想讓大家瞭解，其實以鉤針編織的娃娃服是很漂亮動人的，也希望能將玩娃娃的樂趣分享給更多人。

Contents

PART 1
Yoon Hyojin
尹孝振作品

圓領洋裝
・44・

肩鈕扣無袖洋裝
・48・

平貼領無袖洋裝
・55・

有領襯衫＆
棋盤格短裙
・65・

蝴蝶結領洋裝
・76・

水手領襯衫＆
泡泡褲
・86・

百褶裙
・104・

小熊寶寶裝＆
小熊帽
・107・

蘑菇毛衣＆
抽繩寬褲
・120・

荷葉邊洋裝
・136・

材料與工具

線材

線的觸感會改變作品帶來的感覺，可依個人喜好選擇不同粗細（1～3股）或不同材質的線材，像是羊毛（wool）、羊駝毛（alpaca）、羊絨（cashmere）、馬海毛（mohair）、棉線、人造纖維等等。若是初學者，為了方便辨認針目，建議選用質地滑順、沒有長毛鬚的線材。不過，即使是相同線材，也會受到操作者的力道影響，製作出不同尺寸的作品。

彈力線

取代原先的線材，用於衣服上胸部或腰部等需強化伸縮的部分。若整體使用的是粗線，就得使用多股的彈力線，或是先用原本的線編織好後再將彈力線嵌入中間。

鉤針

有分「毛線專用鉤針」和「蕾絲鉤針」，可根據線材的粗細選用。鉤針在不同國家，針號的標示不同，以台灣常見的日本鉤針來看，毛線專用鉤針的號數越大，代表針越粗，粗細大小有2～10號（鉤針直徑2～6mm），比10號粗的針會以mm標示。蕾絲鉤針則是號數越大，代表針越細，粗細大小有0～14號（鉤針直徑1.75～0.5mm）。

棒針

按材質可分為木製、金屬製和塑料製等，按形狀則分為棒針和輪針。棒針的粗細以mm標示，數字越大，代表針越粗。本書娃娃服飾使用的棒針大小為直徑2.5mm。

毛線縫針

用於連接兩塊織物或是收尾時藏線頭。

手縫針／線

用於縫鈕扣或暗扣。

段數記號扣

在編織位置上做記號的輔助工具，常用於編織分袖等部位時。

剪刀

用來剪線。

鈕扣／暗扣／珠子

除了用來將衣服收緊，可依喜好選用珠子、繩子等配件，打造出個人風格。

鎖針 〇

鎖針是鉤針編織的最基本針法，
常用於一開始的起針，以及立起高度的起立針。

01 將線弄出一個環，用拇指和中指捏住。

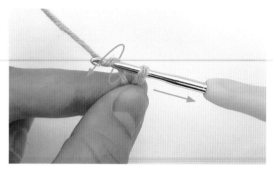

02 把鉤針穿過線圈，用針背像按壓一樣推線，並以針頭鉤住線後，從線圈中拉出。

03 線拉緊，形成一個結。

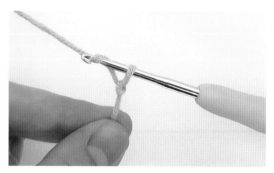

04 再一次繞線後拉出。

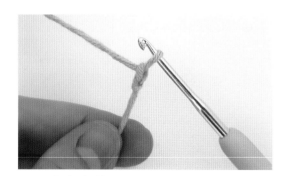

05 即完成1個鎖針。

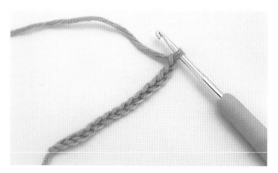

06 依此類推，鉤出所需鎖針數。

引拔針 ●

在環狀編織每一段的收尾，基本上都會鉤引拔針，
有時也會使用在連接織物上。

01 把鉤針穿過針目後，以針頭繞線，從線圈中
整個拉出。

02 即完成1個引拔針。

短針 ＋

短針是基本針法之一，
光是學會短針，就能做出漂亮的織片或玩偶。

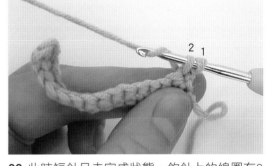

01 將鉤針穿過要鉤的針目內，繞線後拉出。

02 此時短針呈未完成狀態，鉤針上的線圈有2
個。再一次繞線後整個拉出。

03 即完成1個短針。

04 依此類推，鉤出所需短針數。

短針加針

要將織物變寬時會使用加針技巧，其意思是指在一個針目內織兩個短針，
又被稱為「短針加2針」、「短針2針併1針」等。

01 先鉤1個短針後，在同一個針目裡再鉤1個短針。

02 在一個針目裡織出2個短針，即完成加針。

★ 需要加更多針時，就在同一個針目裡鉤出所需針數即可。在本書中，若是一目內織三個短針，就稱之為「3短針加針」，並依此類推。

短針減針

要將織物變窄時會使用減針技巧，其意思是指將兩個針目合併成一個，
又被稱為「短針2併針」、「2短針併1針」等。

01 先鉤出未完成狀態的短針（p.9），再於下一個針目鉤1個未完成的短針。

02 此時鉤針上掛著2個未完成的短針（線圈有3個），繞線後整個拉出。

03 針目從2個合併成1個，即完成減針。

★ 需要減更多針數時，就在要合併的針目裡個別鉤出未完成短針後，再把線一次整個穿出來。在本書中，若是三短針合併成一目，就稱之為「3短針減針」，並依此類推。

中長針 T

基本針法之一，其高度比短針高、比長針短。

01 先將鉤針繞線，並穿入要鉤的針目裡。

02 再次繞線後從針目裡拉出，此時中長針呈未完成狀態。

03 確認鉤針上有3個線圈，再一次繞線後，從3個線圈中整個拉出來。

04 即完成1個中長針。

中長針加針　∨

在一個針目內織兩個中長針。

01 先鉤1個中長針後，在同一個針目裡再鉤1個中長針，即完成加針。

02 在一個針目裡織出2個中長針的樣子。

★ 需要加更多針時，就在同一個針目裡鉤出所需針數即可。在本書中，若是一目內織三個中長針，就稱之為「3中長針加針」，並依此類推。

中長針減針　∧

用中長針將兩個針目合併成一個。

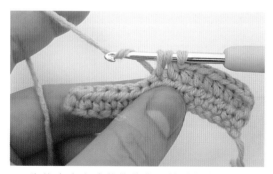

01 先鉤出未完成狀態的中長針（參考p.11），再於下一個針目鉤1個未完成的中長針。

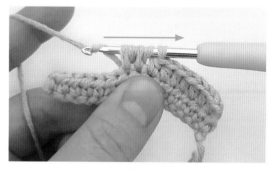

02 此時鉤針上掛著2個未完成的中長針（鉤針上有5個線圈），繞線後整個拉出。

03 針目從2個合併成1個，即完成減針。

★ 需要減更多針數時，就在要合併的針目裡個別鉤出未完成中長針後，再把線一次整個穿出來。在本書中，若是三中長針合併成一目，就稱之為「3中長針減針」，並依此類推。

長針 ╤

基本針法之一，其高度比短針、中長針都還要高。

01 先將鉤針繞線，並穿入要鉤的針目裡。

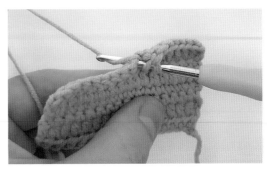

02 再次繞線後從針目裡拉出。

03 再次繞線並通過前兩個線圈後拉出（鉤針上有3個線圈），此時長針呈未完成狀態。

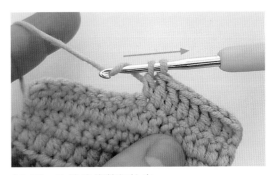

04 再一次繞線後整個拉出。

05 即完成1個長針。

長針加針 ⋎

在一個針目內織兩個長針。

01 先鉤1個長針後，在同一個針目裡再鉤1個長針。

02 在一個針目裡織出2個長針。

03 即完成長針加針。

★ 需要加更多針時，就在同一個針目裡鉤出所需針數即可。在本書中，若是一目內織三個長針，就稱之為「3長針加針」，並依此類推。

長針減針

用長針將兩個針目合併成一個。

01 先鉤出未完成狀態的長針（參考p.13）後，再於下一個針目鉤1個未完成的長針。

02 鉤針上出現2個未完成的長針，再次繞線後整個拉出。

03 針目從2個合併成1個，即完成減針。

★ 需要減更多針數時，就在要合併的針目裡個別鉤出未完成長針後，再把線一次整個穿出來。在本書中，若是三長針合併成一目，就稱之為「3長針減針」，並依此類推。

短針畝編 ﹢

01 把鉤針穿入針目的後半目（指兩條線中，離自己比較遠的那條線）。

02 繞線後拉出。其編織方法同短針，只是入針位置不同而已。

03 完成畝編後，留在前側的前半目會形成一條橫條紋。

★ 中長針畝編和長針畝編也是相同作法。有別於一般把鉤針穿入前一段針目的兩條線，編織畝編時只穿入針目的半目。

01 把鉤針穿入針目的前半目（指兩條線中，離自己比較近的那條線）。

02 繞線後拉出。其編織方法同短針，只是入針位置不同而已。

03 因為是鉤前半目，所以正面不會形成線條。

04 留在後側的後半目會形成一條橫條紋。

★ 中長針畦編和長針畦編也是相同作法。

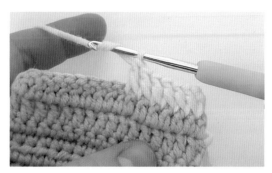

01 編織方法同長針，只有入針位置不同。先將
　鉤針繞線。

02 將鉤針由正面穿過前一段針目的整個針腳。

★ 一個針目是由上端的鎖狀部分與下面的針腳構
　成，一般鉤長針是把針穿入鎖狀的兩條線。

03 接著繞線後拉出。

04 再次繞線並通過掛在鉤針上的前兩個線圈後
　拉出。

05 再一次繞線後整個拉出。

06 即完成表引長針。

★ 表引短針和表引中長針也是相同作法。

裡引長針

01 先將鉤針繞線。

02 將鉤針由反面穿過前一段針目的整個針腳。

★ 入針位置與表引針相反，裡引針是要在反面針目的針腳編織。

03 接著繞線後拉出。

04 再次繞線並通過掛在鉤針上的前兩個線圈後拉出。

05 再一次繞線後整個拉出。

06 即完成裡引長針。

★ 裡引短針和裡引中長針也是相同作法。

輪狀起針

輪狀起針是圓形編的起針方式，常見作法有兩種：
一種是用鎖針編成環，中間會形成一個洞；
另一種則是如下介紹，在手上繞線圈開始編織的作法，中間的洞會緊密貼合。

01 用小指和無名指固定線，纏繞食指和中指兩
　 圈後，將線頭擺放於前方。

02 用鉤針把掛在最左側的線拉出。

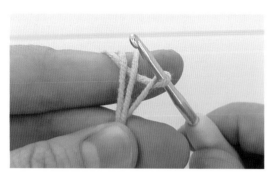

03 把針頭稍微往上轉並抬起。

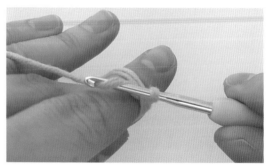

04 將握住線的手往內轉，鉤針鉤起掛在小指上
　 的線，然後通過掛在鉤針上的線圈後拉出。

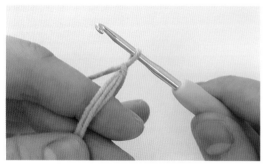

05 完成1目鎖針。接著鉤出所需起立針的針數
　 後，右手捏住鎖針部分，左手則放開線。

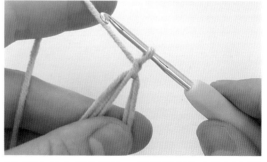

06 再次於食指上掛線，並用拇指和中指抓出圓
　 形後即可開始編織第一段。

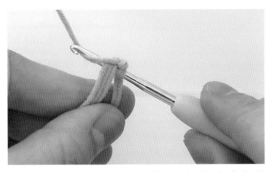

07 把鉤針穿入圓環內，鉤1目短針（或中長針、長針等）。

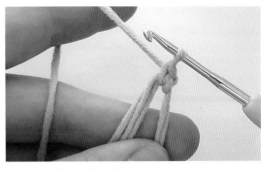

08 鉤出所需針數，再抽出鉤針。

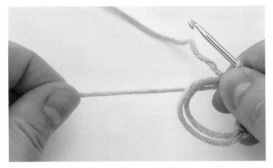

09 拉動線頭端，這時兩個環的其中一條會被扯動，先拉會動的那一條。

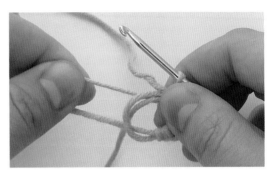

10 把會動的那一條線逐漸拉緊，另一條線就會自然縮緊。

11 收緊直到中間的圓形空間消失為止。接著拉緊剩下的線頭，緊縮成圓。

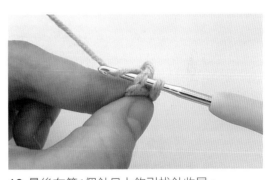

12 最後在第1個針目上鉤引拔針收尾。

13 即完成第1段。然後鉤鎖針起立針，接續織下一段。

棒針的基本針法

觀看影片

起針

起針就是棒針編織起頭的第一針。

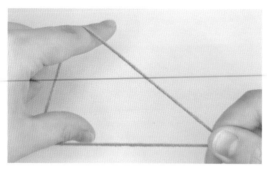

01 將線拉長後反折,並用右手抓住,再用左手拇指和食指把線撐開。

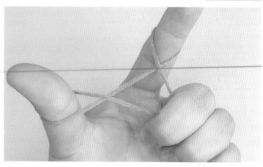

02 右手把線往下壓,左手同時往上翻、使手掌朝上,並將其餘三指壓在線上。

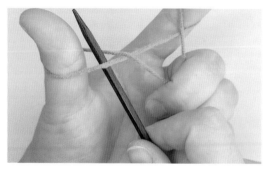

03 右手拿棒針,由下往上穿入拇指和線之間。

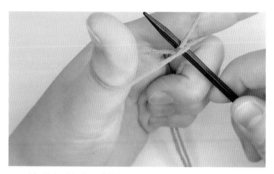

04 接著把針穿入掛在食指上的線並往前帶。

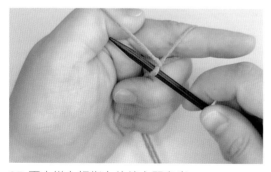

05 再由掛在拇指上的線之間穿出。

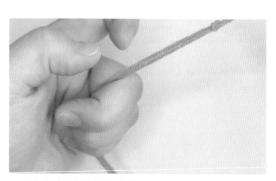

06 抽出左手拇指和食指。

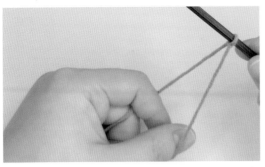 

07 利用左手的拇指和食指拉緊線，在針上即完
成1目。

08 再次用左手拇指和食指把線撐開，並把針擺
在下方。

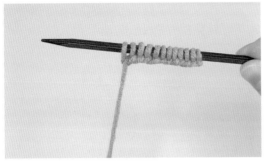

09 重複步驟3～7，直到完成所需針數。

觀看影片

滑針 ∨

滑針是能讓側線維持整齊的作法。

01 線放在後面，右針穿入左針上的針目。

02 不織掛在左針的針目，而是直接將其拉出，
移到右針上即可。

下針 |

下針是棒針編織的最基礎針法。

觀看影片

01 織物置於左手,線放在後面,右針由前往後穿入左針上的針目。

02 用右手食指把線由後往前繞過右針,拉到兩針之間。

03 在線與右針平行掛著的情況下,用右針把線往前抽出,形成右針在上、左針在下的交叉狀態。

04 拔出左針後即完成下針(針目在右針上)。

上針 ——

上針也是棒針編織的最基礎針法。

觀看影片

01 織物置於左手,線放在前面,右針由後往前穿入左針上的針目。

02 用右手食指把線以逆時針在右針繞一圈。

03 右針把線往後抽出，形成左針在上、右針在下的交叉狀態。

04 拔出左針後即完成上針（針目在右針上）。

捲加針

觀看影片

製造額外針目的針法，主要在分袖後要從腋窩開始編織袖子時使用。

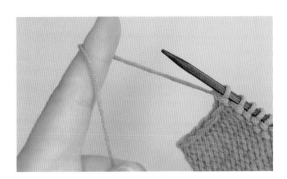

01 左手抓線，用食指把線捲起來。

02 再把針由下往上穿入線中。

03 抽出食指後拉緊線，便完成1目捲加針。

04 重複步驟1～3，織出所需針數。

空針 ○

又稱為「掛針」。用於製作孔洞紋樣的針法，主要用於扣眼和紋路。

01 把線擺在前面並掛在右針上。

02 織1目下針。這是完成1目空針、1目下針的樣子。

03 到了下一個上針段，依上針方向穿線。

04 織1目上針。

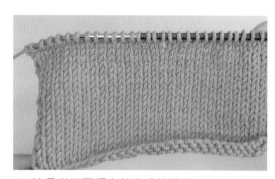

05 這是從正面看空針完成的樣子。

在空針上扭針　𝑙

觀看影片

01 完成正面空針後，到了下一個上針段時，右針由後往前穿入空針後面那條線。

02 織1目上針。

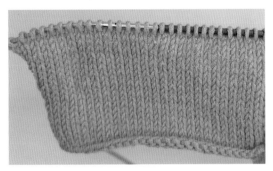

03 這是從正面看扭針完成的樣子。

左上二併針

觀看影片

將兩個針目減成一個針目時使用的針法，完成後左邊針目會在前方。

01 把右針依下針方向，同時穿入左針上的兩個針目。

02 直接於這兩個針目織下針。

03 即完成左上二併針。

★ 左上三併針：把右針一口氣穿過左針上的三個針目，再織下針即完成。

右上二併針

觀看影片

將兩個針目減成一個針目時使用的針法，完成後右邊針目會在前方。

01 先依下針方向穿入第一個針目後，不編織，直接移動到右針上。

02 於第二個針目織下針。

03 把左針穿入第一個針目，然後像是操作套收針一樣覆蓋第二個針目。

★ 套收針是指編織兩針下針（或上針）後，用右側針目覆蓋左側針目。

04 即完成右上二併針。

★ 右上三併針：將第一個針目移到右針後，於第二、三個針目一起織下針，然後同樣進行覆蓋動作，如此即減掉兩針。

上針的左上二併針

用上針方式將兩個針目減成一個針目的針法，完成後左邊針目會在前方。

01 把右針依上針方向，同時穿入左針上的兩個針目。

02 直接於這兩個針目織上針。

03 即完成上針的左上二併針。

上針的右上二併針 入

觀看影片

用上針方式將兩個針目減成一個針目的針法,完成後右邊針目會在前方。

01 先依下針方向穿入第一個針目後,不編織,直接移動到右針上。

02 接著也依下針方向穿入第二個針目後,不編織,直接移動到右針上。

03 左針從右邊兩個針目的右側穿入後,將兩個針目移至左針。

04 直接於這兩個針目織上針。

05 即完成上針的右上二併針。

中上三併針 人

將三個針目減成一個針目的針法，完成後中央（第二個）針目會在前方。

01 右針依下針方向同時穿入第一個和第二個針目後，不編織，直接移動到右針上。

02 於第三個針目織下針。

03 左針穿入掛在針上的第一個和第二個針目，然後覆蓋過第三個針目並拉出。

04 即完成中上三併針。

右加針 Y

新增一目的針法，在下針的右側加一針，完成後能看到右側增加針目。

觀看影片

01 右針穿入左針前段針目的右線。

02 把那條線拉起、掛到左針上。

03 織一目下針。

04 即完成右加針。

左加針 Y

新增一目的針法，在下針的左側加一針，完成後能看到左側增加針目。

觀看影片

01 左針穿入右針前段針目的左線。

02 把那條線掛到左針上，然後織一目下針。

03 即完成左加針。

右上二針交叉

用於從右往左交叉織的針法。

觀看影片

01 將左針上的第一個與第二個針目移至麻花針上，並放於織物前方。

02 在第三個與第四個針目上各織一目下針。

03 在剩下的第一與第二個針目上也各織下針，即完成右上二針交叉。

★ 右上一針交叉：將移到麻花針的針目改成一個（放於織物前方），然後在左針上織一目下針，再於麻花針上織一目下針。

★ 右上一針交叉（下方為上針）：同樣移動一個針目到麻花針上，先在左針上織一目上針，再於麻花針上織一目下針。

觀看影片

左上二針交叉

用於從左往右交叉織的針法。

01 將左針上的第一個與第二個針目移至麻花針上，並放於織物後方。

02 在第三個與第四個針目上各織一目下針。

03 在剩下的第一與第二個針目上也各織下針，即完成左上二針交叉。

★ 左上一針交叉：將移到麻花針的針目改成一個（放於織物後方），然後在左針上織一目下針，再於麻花針上織一目下針。

★ 左上一針交叉（下方為上針）：同樣移動一個針目到麻花針上，先在左針上織一目下針，再於麻花針上織一目上針。

觀看影片

糖果A3紋路

結合套收針及空針所形成的紋路。

01 右針穿入左針上的第三個針目。

02 把第三個針目往針端拉出、覆蓋前兩個針目。圖為完成的樣子。

03 於第一個針目織下針。

04 織一目空針。

05 於第二個針目織下針後，即完成A3紋路。

棒針編織用語補充說明

平面編／起伏編：棒針編織的順序是「從右往左」，每編完一段就更換織片方向，輪流看著正面與反面編織。若在正面的段都編織下針、背面的段都編織上針，以此規則而形成的織片，即稱為平面編。若是在正面與背面的段都編織下針，形成的織片則稱為起伏編。

套收針：套收針是一種基本的收縫法，可避免針目鬆脫，經常用於收尾。其作法為，先編織兩針後，利用左針移動右針上的針目，把右側針目覆蓋到左側針目上，然後再編織下一針，同樣把右側針目覆蓋到左側針目上，重複「編織一針後覆蓋」的動作即可。如果是編織下針，在本書裡就會寫成「下針套收」；相對地，如果是編織上針，就會寫成「上針套收」。

PART 1

Yoon Hyojin

尹孝振作品

即使是編織同個作品，根據每個人的喜好或習慣也會有不同的編織方法，在這裡，便是以我個人的方式來做說明，但並不代表我的方式才是正確答案，歡迎大家用各自的編織風格來製作。建議各位可以先參考此篇內容，多少能幫助理解接下來每個作品的編織流程。作品是依照難易度排序的，若已在上個作品中說明了某個特定的製作技巧，那麼下個作品中就只會簡單帶過，因此若是編織娃娃服的新手，建議按順序來編織會比較容易上手。

| 使用的工具和配件 | 本章節收錄的所有作品都是使用**毛線鉤針2號（2mm）搭配3股的羔羊毛線**編織而成。即使每個人使用相同的線與針，但編織力道會因人而異，因此如果想製作出跟織圖一模一樣的作品，比起調整自己平時習慣的力道，反而是找出適合的線與針，並調整成相同的織片密度會更容易。我選用羔羊毛線是因為顏色多元，以及它帶來的編織質感。然而羔羊毛線偏脆弱，對初學者來說有點難上手，所以建議可以先換成符合織片密度的其他種線材來編織。 |

衣服上使用的系扣以6～9mm的四合扣（五爪扣、撞釘扣、暗扣等）為主，只要從中選擇方便使用的類型即可。有扣眼的衣服，通常會使用8～9mm的鈕扣，不過若用五爪扣或撞釘扣這一類，就不需織出一個洞。裝飾用鈕扣則使用6mm。當然沒有一定要按照書上內容照樣製作，歡迎大家按照各自的喜好來挑選顏色、線材及扣子。

| 照片示範用娃娃 | 照片中穿上衣服的娃娃是「Darak-i」品牌的球型關節人偶（BJD）——克洛伊和凱莎，她們的**身高有33cm**，只要各位的娃娃體型與它們差不多，衣服都會合身。若娃娃的體型不同，可以藉由調整線與針的粗細，把衣服改大或改小。 |

| 了解織片密度 | 織片密度是在看著織圖進行編織的時候，表示針目大小的基準。在開始編織作品之前先確認好織片密度，可避免完成後才發現大小不一的狀況。一般會看長寬各10cm範圍內有多少針數和段數，但是娃娃服不大，只需**確認長寬各5cm範圍內的針數和段數**。如果不同於書上標示的織片密度，可以更換針或線，或者調整手力，以此製作出大小相近的作品。 |

因為編織娃娃服會經常使用中長針，所以我們利用中長針織片來了解怎

麼看織片密度。如下圖所示，此織片在5×5cm範圍內含17針13段，這是我在書中作品使用的基準。請各位也先織一片中長針織片，然後觀察你的織片，若長寬各5cm範圍內的針數和段數比上述織片密度多，那就表示當你按照本書織圖進行之後，織出來的衣服會變小；反之，若比上述織片密度少，就表示衣服會變大。

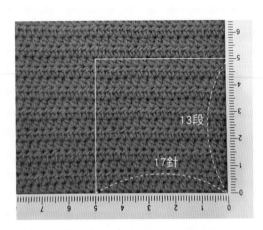

**從鎖針的
裡山開始鉤**

鎖針針目的正面（表側）是由兩條線組成（單邊被稱為「半目」），而從反面（裏側）看，在兩條線後方凸出的那一條線被稱為「裡山」。大部分人從鎖針起針後，會把鉤針穿入鎖針的半目來進行，不過我覺得從裡山鉤可以看得很清楚，也能讓織片較為美觀，此外，對於之後不進行緣編的織物，也能乾淨俐落地收尾。從鎖針挑針的時候也是，鉤在裡山的針目能看得非常清楚，可以減少失誤。所以當要在一開始的鎖針上鉤下一段時，我都會從裡山鉤。

鎖針起立針

短針、中長針、長針等針目的高度都不同，所以在每一段的開始，為了保持一致高度，會建立起立針。**起立針鉤的是鎖針，而鉤的針數取決於針目高度。通常情況下，如果是短針，就鉤1個起立針；中長針要2個起立針；長針要3個起立針。**超過中長針高度的針目，有時也會算進總針數裡，但對我來說，它的作用只是單純拿來調整高度，並不會把它算進總針數裡，所以要是起立針變成一般針目，那我會另外寫在織圖上。

由於織圖上不會寫起立針，所以在段的最一開始若寫著「短針3」，那麼就要自動先鉤1個起立針，再鉤3個短針。如果是要鉤表引針／裡引針，這時高度會變低，起立針的針數就要減1個，也就是說，若是以表引中長針開始，就鉤1個起立針，而表引長針則鉤2個。

就像這樣，起立針需根據不同的狀況隨時調整，在閱讀織圖時務必留意，然後再按照自己的風格來織就行了。如果習慣把起立針也算進總針數裡，就請統一都算進總針數，因為只要針數對了就沒問題。

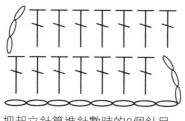

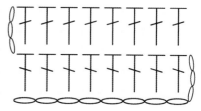

把起立針算進針數時的8個針目　　　不把起立針算進針數時的8個針目

敘述式織圖 vs 記號圖　本書的織圖絕大部分呈敘述式，但有時為了幫助讀者理解，也會使用織目記號圖。若能熟記鉤針的記號圖，在讀織圖的時候會方便許多。

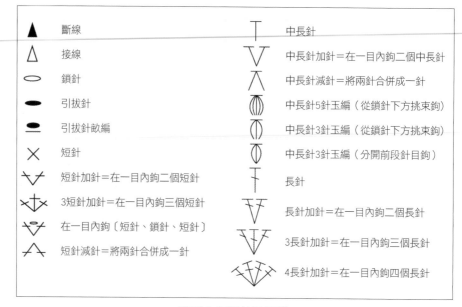

織圖中各種針法記號

本書敘述式織圖的表示方式為「針法＋次數」。

舉例來說：

第1段　　　　（短針3，短針加針1）×9

第2段　　　　短針45

……

表示在第一段時，要先鉤3個短針，再鉤1個短針加針，接著重複九次這個步驟。在第二段時則鉤45個短針。

在我的敘述式織圖中不會標示鎖針起立針和引拔針，編織時還請留意。

往返編織／ 環狀編織	編織方向可分為三種：往返編織、環狀編織、環狀往返編織，以下將分別說明作法。

往返編織（平編）

編織方向是「由右到左」，織到一段的最後一個針目後，鉤鎖針起立針，然後翻面織下一段，下一段織完再翻面，以此反覆進行。

環狀編織（環編）

一直在同一面上編織，沒有翻面的動作，織到一段的最後一個針目後，在第一目上做引拔針，然後鉤鎖針起立針，接著織下一段。根據造型又可分為「圓形」與「筒狀」編織。

環狀往返編織

在一個織物上，先用環狀編織後轉為往返編織，或是先往返編織後轉為環狀編織。為了統一織物紋路，進行環狀編織的同時每段都需改變方向、進行往返編織。也就是說，鉤完最後一目、於第一目上做引拔針，然後鉤起立針，就要翻面。這時要注意的是，第一個出現的針目是上一段的引拔針，所以須從前段的最後一目開始織。

正面／ 反面	新手編織到後來可能會發生搞不清楚哪面是正面、哪面是反面的狀況。在我的織圖裡則有個原則：**進行往返編織時，奇數段會看著正面來織，偶數段會看著反面來織。**不過也有例外，在泡泡褲篇（p.96）織右褲管時，卻是奇數段看著反面、偶數段看著正面。
畝編／ 畦編	織圖的標示都是以看著的那一面為主，所以當織圖提到正面／反面鉤畝編時，意思是要在看著的那一面上鉤後半目；當提到鉤畦編時，意思是要在看著的那一面上鉤前半目。
滑針	用鉤針編織娃娃服時，如果要跳過針目不編織，會以「滑針」表示。滑針最常使用於分袖與扣眼處，請按照織圖所寫，仔細計算針目，再鉤入下一針的位置。

**變形
中長針減針**

我的娃娃服編織大都以中長針為主，因為中長針的織目高度最適中。但遇到需要減針的情況時，若用原本的方式鉤就會凸一塊出來，因此我不會穿進第二個針目上，而是直接減針，方法如下。

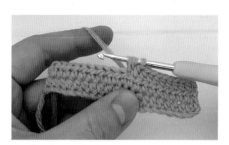

01 先鉤出未完成狀態的中長針。

02 直接將針穿入下一個針目，繞線後拉出。

03 再一次繞線後，一次整個拉出來。

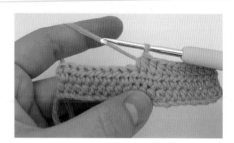

04 這是變形中長針減針的樣子。

收尾

以鎖針打結，再用毛線縫針整理

這是一般的收尾方式，常用於往返編織的收尾。預留20cm左右的線後剪斷，用鉤針鉤一目鎖針，再直接將線拉出並拉緊，換成毛線縫針，把線穿進數個針目裡（從織物背面挑針），藏線後即可把多餘的線剪掉。

利用毛線縫針連接頭尾針目

環狀編織收尾時使用。鉤完最後一目之後，預留20cm左右的線再剪斷，將線拉出，用毛線縫針連接第一目與最後一目，最後把線穿進針目裡，藏線後即可把多餘的線剪掉。

利用蒸氣
定型

當織好一小部分或者完成時，利用蒸氣熨斗先稍微按壓織物，再用蒸氣燙過，最後用手整理、幫助定型。如此一來織物會更平整，可提高作品的完整度。

圓領洋裝

Round Collar
Dress

使用的線材	使用的針	配件	織片密度
羔羊毛線3股	毛線鉤針2號 （2mm）	3副四合扣	5cm×5cm 中長針・17針×13段

A＝在一個針目內鉤〔長針1、鎖針1、長針1〕
編織下一段時都從鎖針下方入針（挑束）。照片1

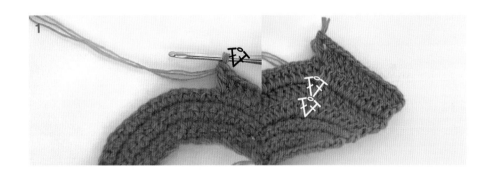

衣身
（往返編織）

這件洋裝會以「由上往下（從領口往衣襬方向）」的方式進行，從頭到尾都是往返編織，也就是奇數段看著正面織、偶數段看著反面織。

首先用衣身的色線，編織36個鎖針作為起針。

第1段（鉤裡山）（短針3，短針加針1）×9 （共45個針目）

第2段　　短針45

第3段　　（短針2，短針加針1，短針2）×9 （共54個針目）

第4段　　短針54

第5段　　（短針5，短針加針1）×9 （共63個針目）

第6段　　長針10，A1，長針加針畝編14，A1，長針14，A1，長針加針畝編14，A1，長針7 （共99個針目）

第7段　　長針8，A1，長針30，A1，長針16，A1，長針30，A1，長針11 （共107個針目）

第8段　　長針12，A1，長針32，A1，長針18，A1，長針32，A1，長針9 （共115個針目）

第9段	長針10，A1，中長針減針1，短針減針15，中長針減針1，A1，長針20，A1，中長針減針1，短針減針15，中長針減針1，A1，長針13　（共89個針目）
第10段	長針14，A1，中長針減針1，短針15，中長針減針1，A1，長針22，A1，中長針減針1，短針15，中長針減針1，A1，長針11　（共93個針目）
第11段（分袖）	長針12，在A的鎖針鉤長針1，鎖針4，滑針19，在A的鎖針鉤長針1[照片2]，長針24，在A的鎖針鉤長針1，鎖針4，滑針19，在A的鎖針鉤長針1，長針15　（共63個針目）
第12段	長針63（遇到鎖針時鉤前半目）[照片3]
第13段	長針63
第14段	長針3，（長針7，長針加針1，長針7）×4　（共67個針目）
第15～17段	長針67
第18段	長針3，（長針加針1，長針15）×4　（共71個針目）
第19～21段	長針71
第22段	長針3，（長針8，長針加針1，長針8）×4　（共75個針目）
第23～25段	長針75
	剪線、以鎖針打結後，用毛線縫針整理收尾。

領口 （往返編織）	看著洋裝的反面，將衣領的色線接在最右側。[照片4]	
	第1段	短針33（洋裝的鎖針起針有36目，所以左邊會剩3目）[照片5]
	第2段	（短針1，短針加針1）×16，短針1　（共49個針目）
	第3～4段	中長針49
	第5段	（中長針3，中長針加針1，中長針3）×7　（共56個針目）

第6段　　　　　（中長針3，中長針加針1，中長針3）×8　（共64個針目）

第7段　　　　　短針64

　　　　　　　　剪線、以鎖針打結後，用毛線縫針整理收尾。

第8段（蕾絲）看著衣領正面（洋裝的反面），將蕾絲顏色的毛線接在後
　　　　　　　　半目上。照片6

　　　　　　　　不鉤鎖針起立針，直接開始編織。

　　　　　　　　（鎖針2，於下一目上做引拔針）×63 照片7

　　　　　　　　剪線後用毛線縫針整理收尾。

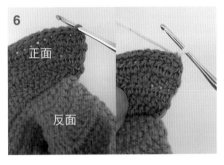

最後於後襟以3個針目作為間隔距離，裝上四合扣即完成。照片8-9

肩鈕扣
無袖洋裝

Shoulder Button
Sleeveless Dress

48

使用的線材	使用的針	配件	織片密度
羔羊毛線3股	毛線鉤針2號 （2mm）	2顆鈕扣（9mm） 或2副暗扣	5cm×5cm 中長針・17針×13段

這件洋裝會先以環狀編織的方式，「由下往上」織出衣身，到了腋窩再分成前片和後片，並改以往返編織的方式進行（編奇數段時看著織物正面、偶數段則看著反面）。

衣身
（環狀編織）

用衣身的色線，編織80個鎖針作為起針，再於第1目上做引拔針後，開始進行環狀編織。

第1段（鉤裡山）中長針80

第2～3段　　中長針80

第4段　　　　（中長針減針1，中長針18）×4　　（共76個針目）

第5～7段　　中長針76

第8段　　　　（中長針減針1，中長針17）×4　　（共72個針目）

第9～12段　　中長針72

第13段　　　　（中長針減針1，中長針16）×4　　（共68個針目）

第14～18段　中長針68

第19段　　　　（中長針減針1，中長針15）×4　　（共64個針目）

第20～22段　中長針64

上衣後片
（往返編織）

從第23段起會進行往返編織，並將前片和後片分開織。直接接續織後片。

第23段　　　　中長針減針1，中長針24，中長針減針1　　（共26個針目）

第24段　　　　**翻至反面**照片1 → 中長針減針1，中長針22，中長針減針1（共24個針目）

第25段　　　　**翻至正面** → 中長針減針1，中長針20，中長針減針1（共22個針目）

第26～30段　**翻面（奇數段看著正面、偶數段看著反面）**→ 中長針22

後片右肩檔	從第31段起，後片的左右肩檔分開織。直接接續織右肩檔。

（往返編織）	第31段	短針4，短針減針1 　（共5個針目）
	第32段	短針減針1，短針3 ^{照片2} 　（共4個針目）
	第33～35段	短針4 　（共4個針目）
	第36段	短針加針1，短針2，短針加針1 　（共6個針目）
	第37段（扣眼）	短針2，鎖針2，滑針2，短針2 ^{照片3}
		選用不需扣眼的扣子時，就不鉤鎖針，直接鉤6目短針。
	第38段	短針減針1，短針2 ^{照片4}，短針減針1 　（共4個針目）
	第39段	短針減針2 　（共2個針目）
		剪線、以鎖針打結後，用毛線縫針整理收尾。

反面

後片左肩檔	看著後片正面，把線接在左邊數來第6個針目上。^{照片5}

後片左肩檔
（往返編織）

看著後片正面，把線接在左邊數來第6個針目上。^{照片5}

第31段　　　短針減針1，短針4　　（共5個針目）

第32段　　　短針3，短針減針1　　（共4個針目）

第33～35段　短針4　　（共4個針目）

第36段　　　短針加針1，短針2，短針加針1　　（共6個針目）

第37段（扣眼）短針2，鎖針2，滑針2，短針2

　　　　　　選用不需扣眼的扣子時，就不鉤鎖針，直接鉤6目短針。

第38段　　　短針減針1，短針2，短針減針1　　（共4個針目）

第39段　　　短針減針2　　（共2個針目）

　　　　　　剪線、以鎖針打結後，用毛線縫針整理收尾。

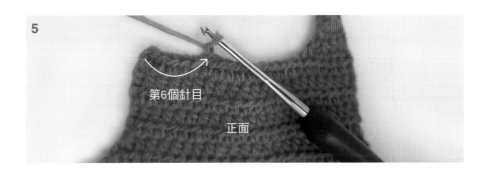

5　　第6個針目　　　　　正面

上衣前片
（往返編織）

看著上衣正面，把線接在右邊數來隔4目的第5個針目上。^{照片6}

每段編織完都要翻面，奇數段看著正面織、偶數段看著反面織。

第23段　　　中長針減針1，中長針24，中長針減針1

　　　　　　（左邊會剩4目；共26個針目）

第24段　　　中長針減針1，中長針22，中長針減針1　　（共24個針目）

第25段　　　中長針減針1，中長針20，中長針減針1　　（共22個針目）

第26段　　　中長針減針1，中長針18，中長針減針1　　（共20個針目）

第27～28段　中長針20

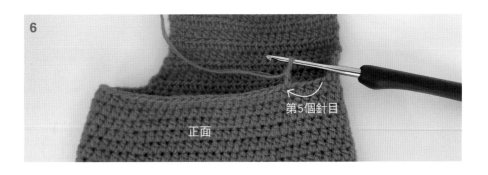

6　　　　　　　　　　　　第5個針目
正面

前片左肩檔	從第29段起，前片的左右肩檔分開織。直接接續織左肩檔。
（往返編織）	第29段　　短針4，短針減針1　（共5個針目）
	第30段　　短針減針1，短針3 [照片7]　（共4個針目）
	第31～35段　短針4　（共4個針目）
	第36段　　短針減針2　（共2個針目）
	剪線、以鎖針打結後，用毛線縫針整理收尾。

反面

前片右肩檔	看著前片正面，把線接在左邊數來第6個針目上。 [照片8]
（往返編織）	第29段　　短針減針1，短針4　（共5個針目）
	第30段　　短針3，短針減針1　（共4個針目）
	第31～35段　短針4　（共4個針目）
	第36段　　短針減針2　（共2個針目）
	剪線、以鎖針打結後，用毛線縫針整理收尾。

第6個針目

正面

整理邊緣

前後片都編織完成後，建議要整理邊緣，整體才會顯得乾淨俐落。請看著織物正面，把線接在洋裝穿上身時、左臂腋窩中間的地方後開始。照片9

邊緣的整理方式，基本上就是每個針目都加1個短針。請參考下方織圖，在段上挑針時，若為短針段就在每段加1個短針，若為中長針段則每兩段加3個短針。到了前後片肩檔時，就鉤3短針加針，把邊緣弄得圓圓的。

（在段上挑針時請盡量鉤緊一點。為了防止在鉤的過程中織物變得鬆垮，可以握著針腳的兩邊或是只壓一邊，再把鉤針伸進針目裡。）

建議讓兩邊的針數均衡，但針數沒有調整到剛剛好也無妨。最後利用毛線縫針連接第1目並收尾即完成。照片10

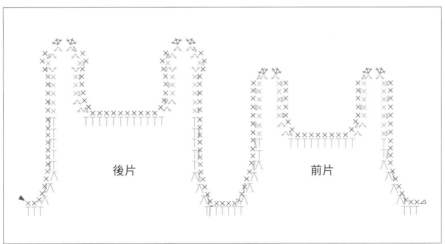

後片　　前片

邊緣的織圖

口袋	用口袋的色線，編織16個鎖針作為起針。

第1段（鉤裡山）短針加針1，短針14，短針加針1　　（共18個針目）

第2～12段　　短針18

第13段（整理邊緣）短針17，在一個針目內鉤〔短針1、鎖針1、短針1〕，於第11段～第1段（每一段都加1個短針）鉤短針11，於最一開始的鎖針段最後一目鉤短針加針1，短針14，短針加針1，於第1段～第11段（每一段都加1個短針）鉤短針11，於第12段的最後再鉤1個短針。

預留要手縫在衣服上的線長後，剪線，利用毛線縫針連接第1目並收尾。

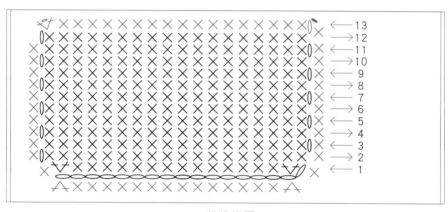

口袋的織圖

先把口袋固定在前片，再用毛線縫針穿過第13段的針目，進行縫合。照片11
兩端需縫2～3次。

最後於前片的肩檔縫上鈕扣即完成。照片12

平貼領
無袖洋裝

Collar Sleeveless
Dress

55

使用的線材	使用的針	配件	織片密度
羔羊毛線3股	毛線鉤針2號 （2mm）	1顆鈕扣（9mm）	5cm×5cm 中長針・17針×13段

以順序來說，這件洋裝要先織上衣部分再織裙子，最後再織領口。

上衣

（往返編織）

首先用上衣的色線，編織54個鎖針作為起針。

第1段（鉤裡山）短針54

第2段　　　短針54

左後片

（往返編織）

從第3段起，分成左後片、右後片、前片來編織。直接接續織左後片。

第3段　　　短針11，短針減針1　（共12個針目）

第4段　　　短針減針1，短針10　（共11個針目）

第5段　　　短針9，短針減針1　（共10個針目）

第6～14段　短針10

　　　　　剪線、以鎖針打結後，用毛線縫針整理收尾。

左後片肩檔

（往返編織）

從第15段起進入肩檔部位。

看著織物正面，把線接在左邊數來第7個針目上。照片1-2

第15段　　　短針減針1，短針5　（共6個針目）

第16段　　　短針4，短針減針1　（共5個針目）

第17段　　　短針減針1，短針3　（共4個針目）

第18段　　　短針1，中長針2，長針1　（共4個針目）

　　　　　剪線、以鎖針打結後，用毛線縫針整理收尾。

第7個針目

正面

右後片
（往返編織）

看著織物正面，把線接在左邊數來第13個針目上。照片3

第3段　　短針減針1，短針11　　（共12個針目）

第4段　　短針10，短針減針1　　（共11個針目）

第5段　　短針減針1，短針9　　（共10個針目）

第6〜14段　短針10

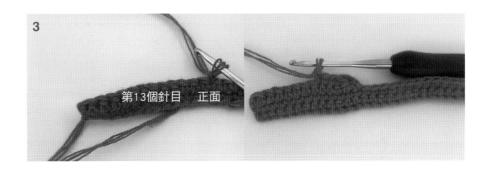

第13個針目　　正面

右後片肩檔
（往返編織）

直接接續編織。

第15段　　短針5，短針減針1　　（共6個針目）

第16段　　短針減針1，短針4　　（共5個針目）

第17段　　短針3，短針減針1　　（共4個針目）

第18段　　長針1，中長針2，短針1　　（共4個針目）

剪線、以鎖針打結後，用毛線縫針整理收尾。

前片
（往返編織）

看著織物正面，把線接在右邊數來隔2目的第3個針目上。照片4-1

第3段　　短針減針1，短針20，短針減針1　　（共22個針目）

（左邊會多2個針目照片4-2）

第4段	短針減針1，短針18，短針減針1	（共20個針目）
第5段	短針減針1，短針16，短針減針1	（共18個針目）
第6～12段	短針18	

前片左肩檔
（往返編織）

從第13段起，前片的左右邊肩檔分開織。直接接續織左肩檔。^{照片5}

第13段	短針4，短針減針1	（共5個針目）
第14段	短針減針1，短針3	（共4個針目）
第15～16段	短針4	
第17段	短針1，中長針2，長針1	

預留要連接前片與後片肩檔的毛線長度後，以鎖針打結。

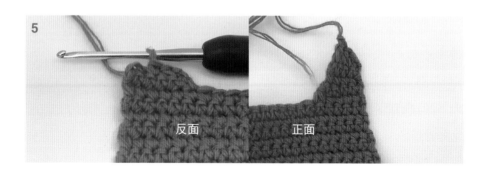

前片右肩檔
（往返編織）

看著織物正面，把線接在左邊數來第6個針目上。^{照片6}

第13段	短針減針1，短針4	（共5個針目）
第14段	短針3，短針減針1	（共4個針目）
第15～16段	短針4	
第17段	長針1，中長針2，短針1	

預留要連接前片與後片肩檔的毛線長度後，以鎖針打結。

連接
前後片肩檔

1. 將前片肩檔與後片肩檔的正面相對疊合。
2. 用毛線縫針挑起相接觸的針目，進行縫合，使兩片相連。照片7
3. 打結後藏線並整理。

裙子

（往返編織
→ 環狀編織）

看著織物正面，讓頸部朝下擺放。
把線連接在右邊最後一目的後半目上。照片8

第1段（畝編）（長針4，長針加針1，長針4）×6　（共60個針目）照片9

第2段　長針60

第3段　（長針9，長針加針1）×6　（共66個針目）

於第1目上做引拔針後，進行環狀編織。照片10

第4段　長針66

第5段　（長針5，長針加針1，長針5）×6　（共72個針目）

第6段　長針72

第7段　（長針11，長針加針1）×6　（共78個針目）

第8段　長針78

第9段　（長針6，長針加針1，長針6）×6　（共84個針目）

第10段　長針84

第11段　（長針13，長針加針1）×6　（共90個針目）

第12段　長針90

剪線後利用毛線縫針連接第1目並整理收尾。

整理衣身邊緣照片17

- 袖攏的整理要看著織物正面，把線連接在腋窩中間後進行。照片11-12
- 整體的邊緣整理要看著正面，把線連接在後片裙子開叉處後進行。照片13
- 長針段加2個短針，短針段加1個短針，邊角則加2個短針。（請參考P.62織圖）
- 遇到不同顏色時，色線也要更換。照片14
- 要製造扣眼時，在右後片鉤結粒針後做引拔收尾。（作法是先在邊角加針，然後根據鈕扣的大小鉤鎖針，接著在它下方針目的前半目和一條針腳裡入針做出引拔針。）照片15-16

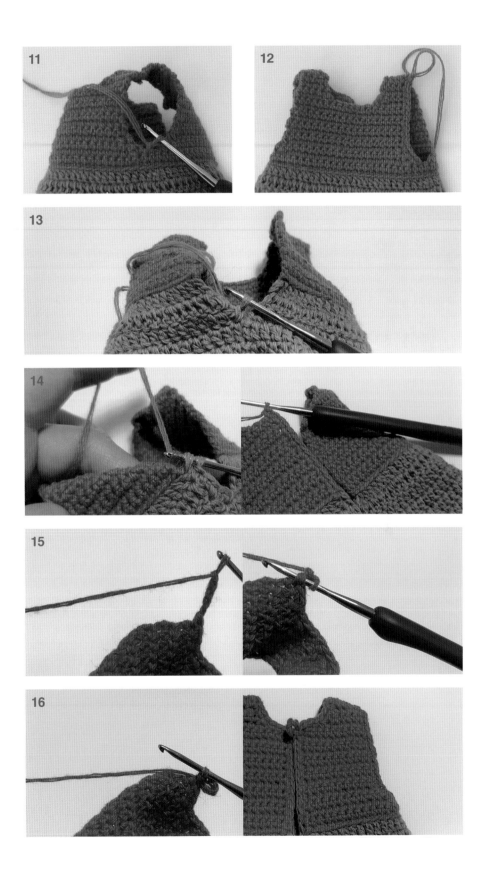

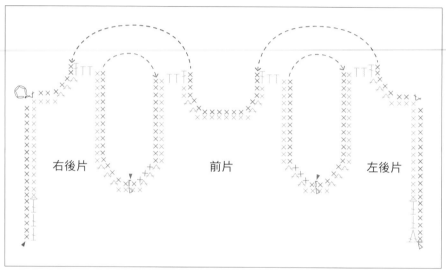

右後片　　　　　　　前片　　　　　　　左後片

整理衣身邊緣的織圖

右領口
（往返編織）

右邊領口與左邊領口分開織。首先織右領口，看著洋裝的正面，把線接在領口最右邊的第2個針目（加針的左邊針目）後開始。照片18-19

第1段　　　　短針17

第2段（畦編）（短針2，短針加針1）×5，短針2　（共22個針目）

第3段　　　　短針20，短針減針1　（共21個針目）

第4段　　　　短針減針1，中長針19　（共20個針目）

第5段　　　　短針減針1，中長針16，短針減針1　（共18個針目）

第6段　　　　短針減針1，中長針14，短針減針1　（共16個針目）

剪線、以鎖針打結後，用毛線縫針整理收尾。

左領口
（往返編織）

看著洋裝的反面，把線接在右邊領口結束的下一個針目上。照片20

第1段　　　　短針17

第2段（畦編）（短針2，短針加針1）×5，短針2　　（共22個針目）

第3段　　　　短針減針1，短針20　　（共21個針目）

第4段　　　　中長針19，短針減針1　　（共20個針目）

第5段　　　　短針減針1，中長針16，短針減針1　　（共18個針目）

第6段　　　　短針減針1，中長針14，短針減針1　　（共16個針目）

　　　　　　　剪線、以鎖針打結後，用毛線縫針整理收尾。照片21

**整理
領口邊緣**

看著領口正面（衣身是反面），把線接在織右領口時位於衣身的第1個針目上之後，鉤1目鎖針照片22，於第1～4段（每一段都加1個短針）鉤短針4，第5段鉤短針加針1，第6段最後一目鉤短針加針1 照片23，於領口針目（各加1個短針）鉤短針15，第5段鉤短針加針1，於第4～1段（每一段都加1個短針）鉤短針4，於領口中間、衣身的針目上鉤引拔針2 照片24。

現在換左邊領口，於第1～4段（每一段都加1個短針）鉤短針4，第5段鉤短針加針1 照片25，於領口針目（各加1個短針）鉤短針15，於領口的最後一目鉤短針加針1，第5段鉤短針加針1，於第4～1段（每一段都加1個短針）鉤短針4 照片26，最後於衣身的針目上做引拔針。

把線剪斷後用毛線縫針整理收尾。照片27

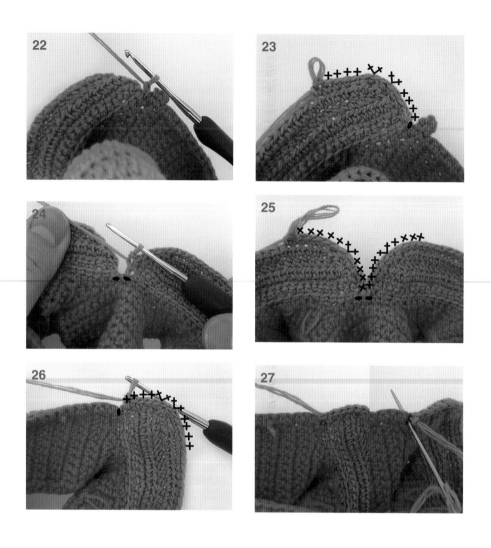

最後於左後片縫上鈕扣即完成。照片28-29

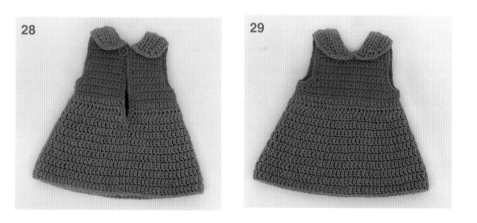

有領襯衫
Collar Shirt

Preparation

使用的線材	使用的針	配件	織片密度
羔羊毛線3股	毛線鉤針2號 （2mm）	2～3顆正面裝飾扣、 3副暗扣	5cm×5cm 中長針・17針×13段

B＝在一個針目內鉤〔中長針1、鎖針1、中長針1〕^{照片1-2}

編織下一段時都從鎖針下方入針（挑束）。

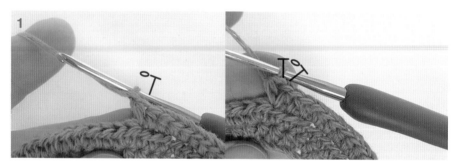

這件襯衫是由上往下織，並於前側織圓形領口。

衣身

（往返編織）

首先用衣身的色線，編織36個鎖針作為起針。

第1段　　　（中長針5，中長針加針1）×6　（共42個針目）

第2段　　　（中長針3，中長針加針1，中長針3）×6　（共48個針目）

第3段　　　中長針7，B1，中長針7，B1，中長針13，B1，中長針7，
　　　　　　B1，中長針10　（共56個針目）

第4段	中長針11，B1，中長針加針畦編9，B1，中長針15，B1，中長針加針畦編9，B1，中長針8 （共82個針目）
第5段	中長針9，B1，長針加針1，長針4，長針加針10，長針4，長針加針1，B1，中長針17，B1，長針加針1，長針4，長針加針10，長針4，長針加針1，B1，中長針12 （共114個針目）
第6段	中長針13，B1，長針34，B1，中長針19，B1，長針34，B1，中長針10 （共122個針目）
第7段	中長針11，B1，中長針8，中長針減針10，中長針8，B1，中長針21，B1，中長針8，中長針減針10，中長針8，B1，中長針14 （共110個針目）
第8段	中長針15，B1，中長針28，B1，中長針23，B1，中長針28，B1，中長針12 （共118個針目）
第9段（分袖）	中長針13，在B的鎖針鉤中長針1，鎖針3，滑針30，在B的鎖針鉤中長針1，中長針25，在B的鎖針鉤中長針1，鎖針3，滑針30，在B的鎖針鉤中長針1，中長針16 ^{照片3-4} （共64個針目）
第10～14段	中長針64 （遇到鎖針時鉤前半目）
第15段	（中長針3，中長針減針1）×12，中長針4 （共52個針目） 剪線、以鎖針打結後，用毛線縫針整理收尾。

下擺
（往返編織）

從衣身正面開始，把下擺的色線接在第15段的第1個針目上。^{照片5}

第1～3段	短針52
第4段	鉤短針51，在最後一目鉤〔短針1、鎖針1、短針1〕，再於第2段和第1段的邊緣各加1個短針。 剪線後用毛線縫針整理，連接下擺和衣身。^{照片6}

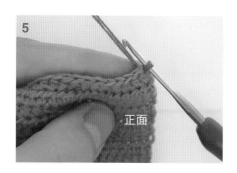 

袖子	袖子左右邊的織法相同，以下說明一邊的作法。
（環狀編織）	用衣身的色線，看著正面，從腋窩中間（第2個針目）開始。照片7

第1段	（從鎖針剩下的半目開始鉤）中長針2，於中長針的針腳鉤中長針2，於分袖針目鉤中長針30，於中長針的針腳鉤中長針2，於腋窩剩餘針目鉤中長針1　（共37個針目） 於第1目做引拔針之後，進行環狀編織。
第2段	中長針加針2，中長針34，中長針加針1　（共40個針目）
第3段	短針減針20　（共20個針目） 換成袖口的色線。
第4～6段	短針20 把線剪斷後，利用毛線縫針連接第1目並整理收尾。

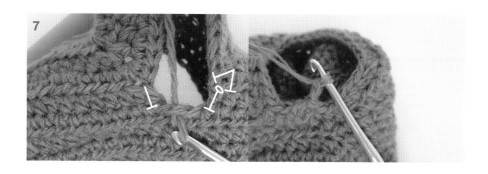

前側裝飾	
（往返編織）	

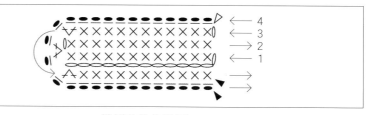

前側裝飾的織圖

用前側裝飾的色線，編織12個鎖針作為起針。

第1～2段　　短針12

第3段（整理邊緣）短針11，短針加針1，旋轉織片、於第1段鉤短針加針1，旋轉織片、於一開始鎖針段的最後一目鉤短針加針1，於鎖針鉤短針11　（共28個針目）

　　　　　　預留要在衣身進行手縫的毛線長度後，以鎖針打結。

第4段（裝飾邊緣）用另一個色線，接在第3段後半目上並鉤1目鎖針，然後從第2目起，皆於後半目上做引拔針。^{照片8}

　　　　　　把線剪斷後，用毛線縫針整理收尾。

在前側裝飾上縫扣子後，固定於衣身前側中央（穿著時由後片最右端數過來的第16、17、18目）並進行縫合。^{照片9}

領口

（往返編織）

看著衣身反面，用領口的色線接線。^{照片10}

第1～2段　　短針33

　　　　　　與前側裝飾重疊之處約3個針目，需要一起編織。

　　　　　　剩下的3個針目是後襟、裝扣子的地方。^{照片11}

右領口	從第3段起，領口的左右邊要分開織。直接接續織右領口。
（往返編織）	第3段　　　短針畝編16

第4段　　　（短針1，短針加針1）×7，短針2　　（共23個針目）

第5段　　　短針16，中長針5，短針2　　（共23個針目）

第6段　　　短針減針1，中長針1，中長針加針1，中長針3，短針16
　　　　　　（共23個針目）

第7段　　　短針21，短針減針1　　（共22個針目）
　　　　　　剪線、以鎖針打結後，用毛線縫針整理收尾。

第8段（整理邊緣）看著衣身反面，把線接在開始織領口時位於衣身的針
　　　　　　目上之後，鉤1目鎖針照片12，於第1～5段鉤短針5，於第6段
　　　　　　鉤短針加針1，於第7段最後一目鉤短針加針1 照片13，於領口
　　　　　　針目鉤短針20，於第7段最後一目鉤短針加針1，於第6段鉤
　　　　　　短針加針1，於第5～3段鉤短針3，於第2段第17目（整個領
　　　　　　口的正中央）做引拔針後，用毛線縫針收尾。照片14　　（共36
　　　　　　個針目）

第9段（裝飾邊緣）換成裝飾的色線，同第8段的一開始，看著衣身反面接
　　　　　　線後，鉤1目鎖針，之後皆於後半目上做引拔針。照片15 最後
　　　　　　於第2段第17目做引拔針，並用毛線縫針收尾。照片16

左領口
（往返編織）

織法跟右領口是對稱的。

看著衣身反面，從右領口結束的下一目（第2段第17目的下一目）開始。

把線接在後半目上。照片17

第3段	短針畝編16
第4段	短針2，（短針加針1，短針1）×7　（共23個針目）
第5段	短針2，中長針5，短針16
第6段	短針16，中長針3，中長針加針1，中長針1，短針減針1 （共23個針目）
第7段	短針減針1，短針21　（共22個針目） 剪線、以鎖針打結後，用毛線縫針整理收尾。

第8段（整理邊緣）和右領口一樣，把線接在第2段第17目上之後鉤1目鎖針^{照片18}，於第3～5段鉤短針3，於第6段鉤短針加針1，於第7段最後一目鉤短針加針1，於領口針目鉤短針20，於第7段最後一目鉤短針加針1，於第6段鉤短針加針1，於第5～1段鉤短針5，於內含領口第1段最後一目的衣身針目上做引拔針，最後用毛線縫針整理收尾。照片19　（共36個針目）

第9段（裝飾邊緣）換成裝飾的色線，接在第2段第17目之後鉤1目鎖針。和右領口一樣，於第8段的後半目上做36目引拔針。最後於內含領口最後一目的針目（衣身最後數來第4目）上做引拔針，並用毛線縫針整理收尾。

於後襟縫上3副扣子（如暗扣、四合扣、撞釘扣等）即完成。照片20-21

棋盤格短裙
Checked Skirt

Preparation

使用的線材	使用的針	配件	織片密度
羔羊毛線3股	毛線鉤針2號 （2mm）	1副暗扣	5cm×5cm 中長針・17針×13段

固定以3針×2段、兩種顏色交錯搭配，編織出棋盤格紋。也可以用單一顏色編出沒有花紋的裙子。

裙子腰部
（往返編織）

用裙子腰部的色線，編織51個鎖針作為起針。

第1段（鉤裡山）短針51

第2段　　　短針3，（短針加針1，短針7）×6　（共57個針目）

第3～6段　短針57

如果是要用腰部的色線去織棋盤格紋裡的配色，直接繼續編織即可；若沒有，就需剪線並整理，然後接新的色線。

裙子
（環狀編織）

準備兩種顏色的線，每織「3針×2段」就要換線。

第1段　　　中長針畝編54

看著正面，把一開始的3目放在前方、結束的3目放在後方，兩個重疊著編織。放在前方的針目只鉤後半目，而放在後方的針目則鉤整個針目。照片1

換線注意事項：

須在未完成的中長針狀態下換線。照片2

兩種顏色的線會輪流被蓋在針目裡以進行交換。照片3-4

即使織到不同段，也要在未完成的中長針狀態下換線，另一條色線要藏好一起鉤。照片5

第2～12段　按照棋盤格紋的配色，鉤中長針畝編54。照片6

織物容易因為拉線力道，往一個方向傾斜，因此再另一邊加點力道來鉤，可以降低不勻稱的情形。

第13段（蕾絲）（短針畝編1，鎖針2）×54 照片7

做引拔針之前就換成毛線縫針，把線與第1目連接並收尾。

照片8-9

最後於裙子後面縫上暗扣即完成。照片10-11

蝴蝶結領
洋裝

Big Ribbon
Color Dress

76

使用的線材	使用的針	配件	織片密度
羔羊毛線3股	毛線鉤針2號 （2mm）	3副四合扣	5cm×5cm 中長針・17針×13段

這是一件低腰洋裝，先織上衣再織裙子。上衣的衣身與袖子會分開編織，再用手縫方式連接。

腰部
（往返編織）

用腰部的色線，編織75個鎖針作為起針。
第1段（鉤裡山）短針75
第2～4段　　短針75
　　　　　　剪線、以鎖針打結後，用毛線縫針整理收尾。

上衣
（往返編織）

看著腰部正面，用上衣的色線接在第4段最後一目的後半目上。照片1
第1段　　　　中長針75
第2段　　　　（中長針8，中長針減針1，中長針8）×4，中長針3
　　　　　　　（共71個針目）
第3～4段　　中長針71
第5段　　　　中長針3，（中長針減針1，中長針15）×4
　　　　　　　（共67個針目）
第6～7段　　中長針67
第8段　　　　（中長針7，中長針減針1，中長針7）×4，中長針3
　　　　　　　（共63個針目）
第9～12段　　中長針63

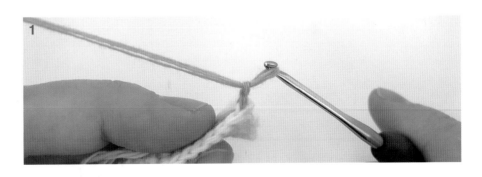
1

上衣左後片
（往返編織）

從第13段起，前片和後片分開織。直接接續織左後片。

第13段	中長針15，中長針減針1	（共16個針目）
第14段	中長針減針1，中長針14	（共15個針目）
第15段	中長針13，中長針減針1	（共14個針目）
第16～21段	中長針14	

左後片肩檔
（往返編織）

接續編織。

第22段	中長針5，中長針減針1	（共6個針目）
第23段	中長針減針1，中長針4	（共5個針目）
第24段	短針2，中長針2，長針1	（共5個針目）

剪線、以鎖針打結後，用毛線縫針整理收尾。

上衣右後片
（往返編織）

看著上衣正面，把線接在左邊數來第14個針目後開始。^{照片2}

第13段	中長針減針1，中長針12	（共13個針目）
第14段	中長針11，中長針減針1	（共12個針目）
第15段	中長針減針1，中長針10	（共11個針目）
第16～21段	中長針11	

剪線、以鎖針打結後，用毛線縫針整理收尾。

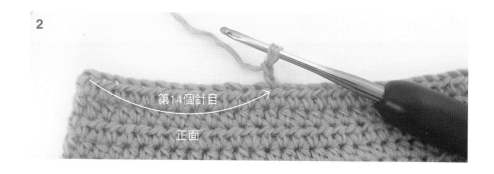

2

第14個針目

正面

右後片肩檔
（往返編織）

看著後片的反面，把線接在左邊數來第7個針目後開始編織。^{照片3}

第22段	中長針減針1，中長針5	（共6個針目）
第23段	中長針4，中長針減針1	（共5個針目）
第24段	長針1，中長針2，短針2	（共5個針目）

剪線、以鎖針打結後，用毛線縫針整理收尾。

3

第7個針目
反面

上衣前片	看著前片的正面，把線接在右邊數來第3個針目上。照片4

上衣前片
（往返編織）

看著前片的正面，把線接在右邊數來第3個針目上。照片4

第13段　　　中長針減針1，中長針24，中長針減針1　　（共26個針目）
　　　　　　（左邊會剩2目）照片5

第14段　　　中長針減針1，中長針22，中長針減針1　　（共24個針目）

第15段　　　中長針減針1，中長針20，中長針減針1　　（共22個針目）

第16～20段　中長針22

4

第3個針目
正面

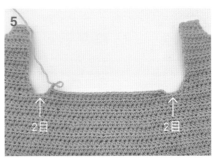

5

2目　　　2目

前片左肩檔
（往返編織）

從第21段起，左肩和右肩要分開編織。直接接續織左肩檔。

第21段　　　中長針5，中長針減針1　　（共6個針目）

第22段　　　中長針減針1，中長針4　　（共5個針目）

第23段　　　中長針5

第24段　　　長針1，中長針2，短針2　　（共5個針目）

　　　　　　預留要與後片肩檔縫合的毛線長度後，以鎖針打結。

前片右肩檔
（往返編織）

看著前片正面，把線接在左邊數來第7個針目上。照片6

第21段　　　中長針減針1，中長針5　　（共6個針目）

第22段	中長針4，中長針減針1 （共5個針目）
第23段	中長針5
第24段	短針2，中長針2，長針1 （共5個針目）
	預留要與後片肩檔縫合的毛線長度後，以鎖針打結。^{照片7}

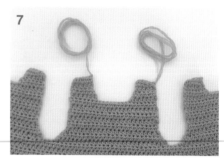

連接
前後片肩檔

將前片肩檔與後片肩檔的正面相對疊合。
用毛線縫針挑起相接觸的針目，進行縫合，使兩片相連。^{照片8-9}

袖子

（環狀編織
→ 往返編織）

右邊袖子和左邊袖子的織法相同，以下介紹其中一邊。
用袖口的色線編織20個鎖針起針後，在第1個鎖針上做引拔針，但要小心別讓線扭轉，然後進行環狀編織。

第1段（鉤裡山）	短針20
第2～3段	短針20
第4段	換成袖子的色線（中長針畝編1，中長針加針畝編1）×10 （共30個針目）
第5～10段	中長針30
第11段	（中長針減針1，中長針4）×5 （共25個針目）
第12～13段	中長針25

第14段	（中長針4，中長針加針1）×5　（共30個針目）
第15～16段	中長針30
第17段	中長針減針1，中長針22，中長針減針1（會剩4目） （共24個針目） 接下來開始進行往返編織。 每段都要翻面，偶數段看著反面、奇數段看著正面。
第18段	中長針減針1，中長針20，中長針減針1　（共22個針目）
第19段	中長針22
第20段	中長針減針1，中長針18，中長針減針1　（共20個針目）
第21段	中長針減針1，中長針16，中長針減針1　（共18個針目）
第22段	中長針減針1，中長針14，中長針減針1　（共16個針目）
第23段	中長針減針1，中長針12，中長針減針1　（共14個針目）
第24段	短針減針1，中長針減針5，短針減針1　（共7個針目） 預留要與衣身連接的毛線長度後，以鎖針打結。照片10

**連接
袖子和衣身**

將衣身與袖子的正面相對疊合，確認袖山中央對齊肩端、袖子的腋窩也對齊衣身的腋窩後，先用大頭針固定住，再用毛線縫針挑起針目，以捲針縫連接（捲針縫是反覆以同一側入針到對面方向出針的縫合法）。照片11-13

13

領口
（往返編織）

用領口的色線，看著上衣右後片的反面接線。照片14

14

反面

第1段（領口挑針）短針46 照片15

（由右後片的針目鉤）短針4，（由後肩檔段、每段鉤2目）短針6，（由前肩檔段、每段鉤2目）短針8，（由前片的8目鉤）短針1，鎖針8，滑針6，短針1，（由前肩檔段、每段鉤2目）短針8，（由後肩檔段、每段鉤2目）短針6，（由左後片的針目鉤）短針4

第2段（畦編）（短針3，短針加針1）×4，短針3，（於鎖針前半目）短針8，短針3，（短針加針1，短針3）×4 （共54個針目）

第3段 中長針24，中長針加針1，中長針1，短針加針2，中長針1，中長針加針1，中長針24 （共58個針目）

第4段 短針17，中長針3，（長針1，長針加針1）×2，中長針3，短針4，中長針3，（長針加針1，長針1）×2，中長針3，短針17 （共62個針目）

第5段	短針18，中長針3，（中長針加針1，中長針1）×3，短針8，（中長針1，中長針加針1）×3，中長針3，短針18（共68個針目）
第6段	短針20，中長針6，中長針加針1，中長針5，短針4，中長針5，中長針加針1，中長針6，短針20　（共70個針目）
第7段	短針70
	剪線、以鎖針打結後，用毛線縫針整理收尾。照片16

蝴蝶結的兩條緞帶
（往返編織）

用與領口相同的色線，編織20個鎖針作為起針。

第1段（鉤裡山）	長針2，中長針4，短針3，短針加針2，短針3，中長針4，長針2　（共22個針目）
第2段	長針2，中長針4，短針4，短針加針2，短針4，中長針4，長針2　（共24個針目）
第3段（整理邊緣）	短針11，短針加針2，短針10，於最後一目鉤〔短針1、鎖針1、短針1〕，往右旋轉織物、於長針段（每段都加2個短針）鉤短針4，於鎖針段最後一目鉤〔短針1、鎖針1、短針1〕，短針8，短針減針1，短針8，於鎖針段最後一目鉤〔短針1、鎖針1、短針1〕，於長針段（每段都加2個短針）鉤短針4，於第2段最後一目鉤短針1
	最後換成毛線縫針，把線與第1目連接並收尾。

蝴蝶結的結繩
（往返編織）

用與領口相同的色線，編織10個鎖針作為起針。

第1段（鉤裡山）	短針10
第2段	短針10
	預留要進行手縫的毛線長度後，以鎖針打結。

縫合蝴蝶結　把蝴蝶結的兩條緞帶置於領口下方，固定在中間。照片17

用蝴蝶結的結繩把中間包覆起來，從後方縫合固定（捲針縫）。照片18-20

裙子

（環狀編織）

將編織好的上衣上下顛倒擺放，用裙子的色線準備接線。一開始先讓3個針目重疊，調整兩片的位置，讓看著時，左邊的在前、右邊的在後，在鉤的時候，前方的織片只鉤後半目，後方的織片則鉤整個針目。照片21

完成這3目的編織後，其餘的69目鉤畝編。

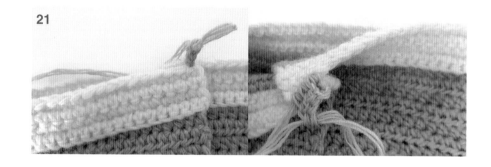

第1段　　　長針畝編　（共72個針目）

於第1目做引拔針後進行環狀編織。照片22

第2段　　　（表引長針5，裡引長針3）×9

第3段	（表引長針2，表引長針加針1，表引長針2，裡引長針3）×9
第4〜5段	（表引長針6，裡引長針3）×9
第6段	（表引長針1，表引長針加針1，表引長針2，表引長針加針1，表引長針1，裡引長針3）×9
第7〜8段	（表引長針8，裡引長針3）×9

把線剪斷後，利用毛線縫針連接第1目並整理收尾。

裙子的形狀可藉由蒸氣定型。
最後於後襟縫上四合扣即完成。照片23-24

水手領襯衫
＆泡泡褲

Sailor Collar Shirt
& Puff Pants

水手領襯衫
Sailor Collar Shirt

Preparation

使用的線材	使用的針	配件	織片密度
羔羊毛線3股	毛線鉤針2號 （2mm）	3副鈕扣（9mm）	5cm×5cm 中長針・17針×13段

在織這件衣服的領口時，前面要做出寬大且圓圓的形狀，後面則要方方正正的。領口與衣身可以採用相同或相異的顏色，這樣就能做出不同風格。

B＝在一個針目內鉤〔中長針1、鎖針1、中長針1〕

衣身
（往返編織）

首先用衣身的色線，編織43個鎖針作為起針。

第1段（鉤裡山）中長針7，B1，中長針8，B1，中長針9，B1，中長針8，
　　　　　B1，中長針7　（共51個針目）

第2段（扣眼）中長針8，B1，中長針10，B1，中長針11，B1，中長針
　　　　　10，B1，中長針6，鎖針1，滑針1，中長針1 ^{照片1}
　　　　　若是不需扣眼的扣子，可省略鎖針，直接鉤8目中長針。

第3段　　　中長針9 ^{照片2}，B1，中長針12，B1，中長針13，B1，中長針
　　　　　12，B1，中長針9　（共67個針目）

第4段　　　中長針10，B1，中長針14，B1，中長針15，B1，中長針
　　　　　14，B1，中長針10　（共75個針目）

第5段　　　中長針11，B1，中長針16，B1，中長針17，B1，中長針
　　　　　16，B1，中長針11　（共83個針目）

第6段　　　中長針12，B1，中長針18，B1，中長針19，B1，中長針
　　　　　18，B1，中長針12　（共91個針目）

第7段（扣眼）中長針1，鎖針1，滑針1，中長針11，B1，中長針20，
　　　　　B1，中長針21，B1，中長針20，B1，中長針13

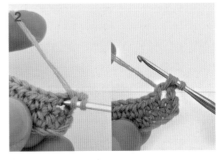

第8段　　　　　中長針14，B1，中長針22，B1，中長針23，B1，中長針22，B1，中長針14　（共107個針目）

第9段（分袖）中長針15，在B的鎖針鉤中長針1，鎖針8，滑針24，在B的鎖針鉤中長針1 ^{照片3}，中長針25，在B的鎖針鉤中長針1，鎖針8，滑針24，在B的鎖針鉤中長針1，中長針15

第10段　　　　中長針75（遇到鎖針時鉤前半目）^{照片4}

第11段　　　　中長針75

第12段（扣眼）中長針73，鎖針1，滑針1，中長針1

第13～16段　中長針75

第17段（整理前襟）短針74，3短針加針1，接著往右旋轉、鉤短針來整理右側前襟。以兩段為間隔，反覆鉤〔短針2、短針3〕，總共挑20目。^{照片5}

在進行往返編織時產生的條紋就是以兩段為一個單位來呈現，所以若是看不出一段一段的，可以看著條紋來織。

最後以鎖針打結後，用毛線縫針整理收尾。

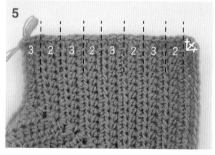

左側前襟也鉤短針來整理。看著正面，把線接在先前織好的鎖針段末端後開始。^{照片6} 以兩段為間隔，反覆鉤〔短針2、短針3〕，總共挑20目。

完成20目的挑針後，在衣身第16段的最後一目加2目短針^{照片7}，並且利用毛線縫針連接第17段第1目後整理收尾。

6

正面

7

2 3 2 3 2 3 2 3

袖子
（環狀往返編織）

為了統一衣服的條紋，織袖子時除了要進行環狀編織，也要同時在每段改變方向、進行往返編織（奇數段看著正面、偶數段看著反面）。

用衣身的色線，把線接在腋窩中間（左邊數來第4個針目）後開始。

第1段　　　中長針36 照片8

　　　　　（入針處：腋窩4目，中長針的針腳2目，分袖24目，中長針的針腳2目，腋窩4目）

第2段　　　**翻至反面** 中長針2，中長針減針1，中長針28，中長針減針1，中長針2　（共34個針目）

　　　　　改變方向接續編織的時候，要留意引拔針，從第1段的最後一目來開啟第2段。理論上，第2段最後一目要跟第1段第1目鉤在一起，但即便翻開鎖針起立針也很難辨識出針目，所以要是無法確定有沒有鉤錯，請務必每段確認針數。照片9-11

第3段　　　**翻至正面** 中長針34

第4段　　　**翻至反面** 中長針減針1，中長針30，中長針減針1（共32個針目）

第5～6段　**翻面（奇數段看著正面、偶數段看著反面）**中長針32

第7段　　　**翻至正面** 短針32

　　　　　做引拔針之前就換成毛線縫針，把線與第1目連接並收尾。

8　　T24　　T4　T4

9　　從這裡開始　　引拔針　反面

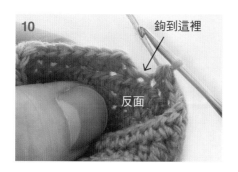

10 鉤到這裡　反面

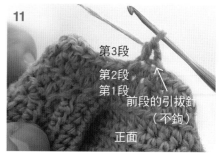

11 第3段　第2段　第1段　前段的引拔針（不鉤）　正面

領口	用領口的色線，看著衣身反面，從右邊數來隔2目的第3個針目開始。 照片12
（往返編織）	第1段　　　　　短針39（左邊會剩2目） 照片13

第2段（畦編）（中長針3，中長針加針1）×9，中長針3
（共48個針目）

第3段　　　　　短針1，中長針加針1，中長針14，3中長針加針1，中長針14，3中長針加針1，中長針14，中長針加針1，短針1
（共54個針目）

第4段　　　　　短針減針1，中長針1，中長針加針1，中長針14，3中長針加針1，中長針16，3中長針加針1，中長針14，中長針加針1，中長針1，短針減針1　（共58個針目）

第5段　　　　　短針減針1，中長針1，中長針加針1，中長針15，3長針加針1，中長針18，3長針加針1，中長針15，中長針加針1，中長針1，短針減針1　（共62個針目）

第6段　　　　　短針減針1，中長針1，中長針加針1，中長針16，3長針加針1，中長針20，3長針加針1，中長針16，中長針加針1，中長針1，短針減針1　（共66個針目）

第7段　　　　　短針減針1，中長針1，中長針加針1，中長針17，3長針加針1，長針22，3長針加針1，中長針17，中長針加針1，中長針1，短針減針1　（共70個針目）
把線剪斷後用毛線縫針整理收尾。

第8段（整理邊緣）看著領口正面（衣身是反面），把線接在連接領口和衣身的針目（右邊數來第2個針目）後，鉤鎖針1。 照片14
於領口的第1～5段（每一段都加1個短針）鉤短針5，第6～7段（每一段都加2個短針）鉤短針加針2 照片15，沿著領口針目鉤〔短針21，3短針加針1，短針24，3短針加針1，短針21，短針加針1〕，在另一邊的第6段鉤短針加針1，第5～1段鉤短針5，於衣身左邊數來第3目上做引拔針，並用毛線縫針整理收尾。 照片16

12　第3個針目　反面

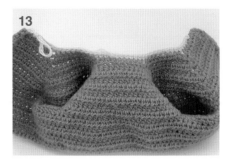

13

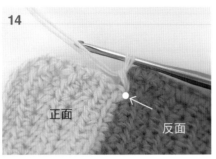

14　正面　反面

15

16

**加上
裝飾線條**

領口

用裝飾線條的色線，跟開始織領口的第8段時一樣，看著領口正面，把線接在衣身右邊數來第3個針目上。照片17 無須鉤鎖針起立針，直接於領口第8段的針目上做引拔針，如此編織出線條。照片18 完成82目引拔針之後，於衣身最後數來第3個針目上做引拔針，並用毛線縫針整理。照片19

17　正面　反面

18

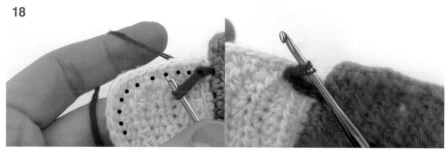

下擺

看著衣身正面、上下顛倒擺放，把線接在衣身第16段針目位置，直接於第16段的針目上做引拔針，編織出線條。照片20

最後也在第16段的位置做引拔針，並用毛線縫針整理。照片21

袖子

把線接在袖子第6段腋窩的地方，無須鉤鎖針起立針，直接在第6段針目上鉤32目引拔針，編織出線條。照片22

完成第32個引拔針時剪線，再利用毛線縫針連接第1目並整理。照片23

最後於右側前襟縫上鈕扣。照片24

領口處的蝴蝶結是另外製作後以手縫固定上去，可自由選擇要不要配戴。

蝴蝶結	用蝴蝶結的色線，編織28個鎖針作為起針後，在第1個鎖針上做引拔針，
（環狀編織）	小心別讓線扭轉，接著進行環狀編織。

第1段（鉤裡山）短針加針1，短針2，中長針8，短針2，短針加針2，短針2，中長針8，短針2，短針加針1　（共32個針目）

第2段　　　　短針4，中長針2，中長針減針2，中長針2，短針8，中長針2，中長針減針2，中長針2，短針4　（共28個針目）

第3段　　　　短針4，中長針2，中長針加針2，中長針2，短針8，中長針2，中長針加針2，中長針2，短針4　（共32個針目）

第4段　　　　短針2，中長針5，中長針加針2，中長針5，短針4，中長針5，中長針加針2，中長針5，短針2　（共36個針目）

　　　　　　　預留要拿來固定蝴蝶結形狀的線長，然後以鎖針打結。

蝴蝶結的兩條緞帶
（往返編織）

用蝴蝶結的色線，編織20個鎖針作為起針。

第1段（鉤裡山）中長針3，短針6，短針加針2，短針6，中長針3（共22個針目）

第2段　　　　中長針3，短針7，短針加針2，短針7，中長針3（共24個針目）

第3段　　　　中長針3，短針8，短針加針2，短針8，中長針3（共26個針目）

　　　　　　　剪線、以鎖針打結後，用毛線縫針整理收尾。

蝴蝶結的結繩
（往返編織）

用蝴蝶結的色線，編織10個鎖針作為起針。

第1段（鉤裡山）短針10

　　　　　　　預留包覆蝴蝶結後縫合的線長，以及固定在衣身的線長後，以鎖針打結。

把蝴蝶結正面摺疊出褶皺，用剩餘的線固定出形狀，接著在後方暫時固定兩條緞帶。照片25

再用結繩把中間包覆起來，並從後方進行縫合。照片26

最後把蝴蝶結縫在衣服上即完成。照片27-29

泡泡褲
Puff Pants

Preparation

使用的線材	使用的針	配件	織片密度
羔羊毛線3股	毛線鉤針2號（2mm）	3顆鈕扣（6〜9mm）	5cm×5cm 中長針・17針×13段

這是一件下擺鼓起來的褲子，會把右褲管和左褲管分開織，之後用手縫的方式接合。編織過程中，每段會以畝編、畦編輪流進行。

左褲管
（往返編織）

用褲子的色線，編織6個鎖針作為起針。

奇數段看著正面織、偶數段看著反面織。

第1段（鉤裡山）長針5，長針加針1　（共7個針目）

第2段（畦編）長針加針1，長針6　（共8個針目）

第3段（畝編）長針7，長針加針1，鎖針10 ^{照片1}　（共19個針目）

第4段（畦編）短針2，中長針8，長針9

第5段（畝編）長針9，中長針8，短針2

第6段（畦編）短針2，中長針8，長針9

第7段（畝編）長針9，中長針8，短針2

第8段（畦編）短針加針1，中長針9，長針9　（共20個針目）

第9段（畝編）長針9，中長針9，短針2

第10段（畦編）短針2，中長針9，長針9

第11段（畝編）長針9，中長針9，短針2

第12段（畦編）短針加針1，中長針10，長針9　（共21個針目）

第13段（畝編）長針9，中長針10，短針2

第14段（畦編）短針2，中長針10，長針9

第15段（畝編）長針9，中長針10，短針2

第16段（畦編）短針加針1，中長針11，長針9　（共22個針目）

第17段（畝編）長針9，中長針11，短針2

第18段（畦編）短針2，中長針11，長針9

第19〜26段　反覆第17段至第18段

第27段（畝編）長針7，長針減針1　（共8個針目）

第28段（畦編）長針減針1，長針6 　　（共7個針目）

第29段（畝編）長針5，長針減針1 　　（共6個針目）

第30段（畦編）長針6

　　　　　　預留要在褲子內側縫份進行縫合的線長，再以鎖針打結。

右褲管

（往返編織）

與左邊褲管完全相反地進行畦編和畝編。

奇數段會是看著反面織，偶數段則是看著正面織。

用褲子的色線，編織6個鎖針作為起針。

第1段（鉤裡山）長針5，長針加針1 　　（共7個針目）

第2段（畝編）長針加針1，長針6 　　（共8個針目）

第3段（畦編）長針7，長針加針1，鎖針10 　　（共19個針目）

第4段（畝編）短針2，中長針8，長針9 　　（共19個針目）

第5段（畦編）長針9，中長針8，短針2

第6段（畝編）短針2，中長針8，長針9

第7段（畦編）長針9，中長針8，短針2

第8段（畝編）短針加針1，中長針9，長針9 　　（共20個針目）

第9段（畦編）長針9，中長針9，短針2

第10段（畝編）短針2，中長針9，長針9

第11段（畦編）長針9，中長針9，短針2

第12段（畝編）短針加針1，中長針10，長針9 　　（共21個針目）

第13段（畦編）長針9，中長針10，短針2

第14段（畝編）短針2，中長針10，長針9

第15段（畦編）長針9，中長針10，短針2

第16段（畝編）短針加針1，中長針11，長針9 　　（共22個針目）

第17段（畦編）長針9，中長針11，短針2

第18段（畝編）短針2，中長針11，長針9

第19～26段　反覆第17段至第18段

第27段（畦編）長針7，長針減針1　（共8個針目）

第28段（畝編）長針減針1，長針6　（共7個針目）

第29段（畦編）長針5，長針減針1　（共6個針目）

第30段（畝編）長針6

預留要在褲子內側縫份進行縫合的線長，再以鎖針打結。

**左右褲管
縫合**

內側縫合

將褲管正面朝內對摺且對齊後，用毛線縫針把內側縫份的針目縫合。右褲
管和左褲管皆同。照片2-3

前側的中心線與後側的中心線

把內側縫份接在一起後，左褲管和右褲管正面相對，先於反面進行固定，
有利之後的縫合。照片4-5

後腰線須高於前腰線，請確認之後再開始縫合，把線接在反面，用毛線縫
針縫2條左右即可。照片6-8

腰帶

（環狀編織）

看著正面，用褲子的色線在腰部上挑針。

左邊、右邊各有23段，每段都加1個短針。

第1段　　　　把線接在褲子後側中間之後開始，鉤46目短針。^{照片9}

於第1目上做引拔針之後，進行環狀編織。

第2～4段　　（表引中長針1，裡引中長針1）×23 ^{照片10}

（共46個針目）

做引拔針之前就換成毛線縫針，把線與第1目連接並收尾。

褲子下擺

（環狀編織）

右邊和左邊的織法相同。^{照片11-12}

看著正面，用褲子的色線挑針。

褲子下擺有30段的長針，每段都加2個短針。

第1段　　　把線接在內側縫份的地方後開始，鉤60目短針。

　　　　　　於第1目上做引拔針之後，進行環狀編織。

第2段　　　短針減針30　　（共30個針目）

第3～4段　短針30

　　　　　　做引拔針之前就換成毛線縫針，把線與第1目連接並收尾。

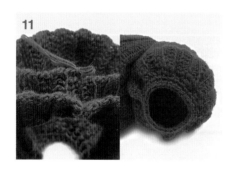 

吊帶

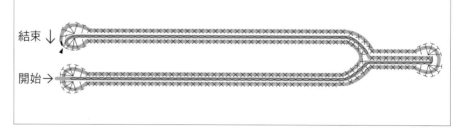

結束↓

開始→

吊帶的織圖

首先用吊帶的色線，編織52個鎖針起針，再鉤9目短針、43目鎖針，然後鉤3目鎖針起立針後，參考織圖繼續進行：3長針加針1，中長針1，短針82，中長針1，4長針加針2，中長針1，短針48，中長針1，4長針加針2，中長針1，短針48，中長針1，4長針加針1，最後於第3目的鎖針起立針上做引拔針後收尾。^{照片13}

13

小熊補丁
（環狀編織）

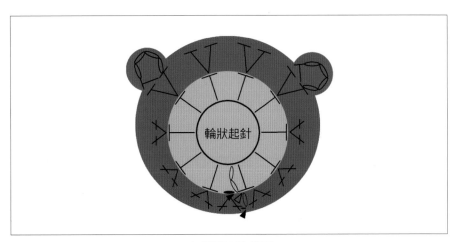

小熊補丁的織圖

用小熊吻部的色線開始編織。

第1段（輪狀起針）中長針10

剪線後整理，換成小熊臉部的色線接在第1段第1目上。^{照片14}

第2段　　短針加針3，中長針加針1加入中長針凸編（在2個中長針上鉤4目鎖針）^{照片15-16}，中長針加針2，中長針加針1加入中長針凸編（在2個中長針上鉤4目鎖針）^{照片17}，短針加針3。若直接在此收尾，第1段做引拔針的地方會有縫隙，所以在引拔針的地方也要鉤1目短針加針。^{照片18}

預留要縫合在吊帶上的長度後剪線，再用毛線縫針連接第1目並收尾。

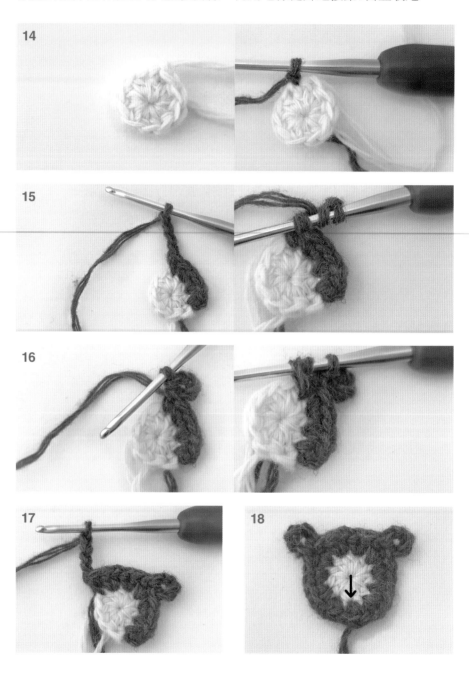

縫出小熊的眼睛、鼻子和嘴巴，接著將其對齊吊帶的Y字型中間，在針目相接觸的位置進行縫合。照片19

再把鈕扣縫在褲子上即完成。照片20-21

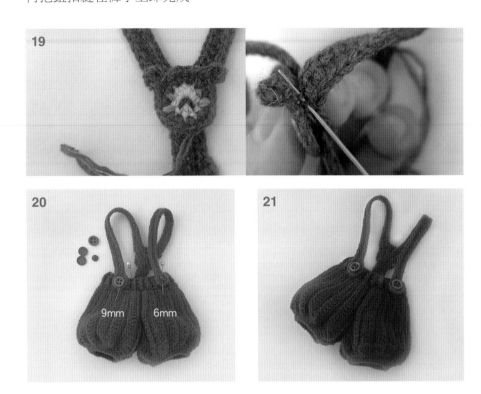

百褶裙

Pleated Skirt

FLOWER SHOP

使用的線材	使用的針	配件	織片密度
羔羊毛線3股	毛線鉤針2號 （2mm）	—	5cm×5cm 中長針・17針×13段

百褶裙能和有領襯衫（p.66）或水手領襯衫（p.87）一起穿搭。編織時，要跟泡泡褲（p.96）一樣在腰部那側的段上加針、織出適當寬度的腰頭。而一開始鉤的鎖針就是完成後裙子的長度，所以可以根據所需長度來調整針數。此外，也可以利用短針、中長針及長針本身高度不同的特性，進行不同比例的搭配，以製作出不同風格的裙子。

裙子
（往返編織）

用裙子的色線，編織25個鎖針作為起針。

第1段	短針7，中長針7，長針11
第2段	表引長針11 ^{照片1}，表引中長針7，表引短針7
第3段	短針1，短針畦編6，中長針畦編7，長針畦編10，長針1
第4段	表引長針11，表引中長針7，表引短針7
第5～46段	反覆第3段至第4段^{照片2-3}
	預留要縫合的線長後，以鎖針打結。

把裙子正面朝內對摺且對齊後，從反面把相接觸的針目（最後一段的前半目和一開始的鎖針段）縫在一起。^{照片4}
鉤短針的位置就是腰部的地方。

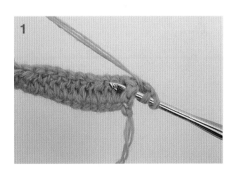

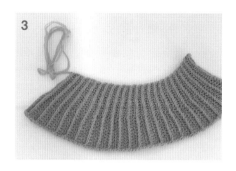

反面

裙子腰部	把裙子做縫合的地方置於後面中間並接線。照片5
（環狀編織）	第1段　　　　　於短針段（每一段都加1個短針）鉤46目短針，

裙子腰部
（環狀編織）

把裙子做縫合的地方置於後面中間並接線。照片5

第1段　　　　於短針段（每一段都加1個短針）鉤46目短針，
然後做引拔針連接第1目，再開始環狀編織。

第2～3段　　（表引中長針1，裡引中長針1）×23
把線剪斷後，利用毛線縫針連接第1目並整理收尾。照片6

可以把跟泡泡褲一起配戴的吊帶（p.100）拿來用，展現不同的風格。照片7

小熊寶寶裝
&小熊帽

Bear Babygro
& Bear Hood

小熊寶寶裝
Bear Babygro

Preparation

使用的線材	使用的針	配件	織片密度
羔羊毛線3股	毛線鉤針2號 （2mm）	2副四合扣	5cm×5cm 中長針‧17針×13段

衣身

（往返編織 →
環狀往返編織）

首先用小熊寶寶裝的色線，編織33個鎖針作為起針。

第1段（鉤裡山）中長針33

第2段　　　　中長針33

第3段　　　　（中長針2，中長針加針1，中長針2）×6，中長針3
　　　　　　　（共39個針目）

第4段　　　　中長針7，3中長針加針1，（中長針8，3中長針加針1）
　　　　　　　×3，中長針4　（共47個針目）

第5段　　　　中長針5，3中長針加針1，（中長針10，3中長針加針1）
　　　　　　　×3，中長針8　（共55個針目）

第6段　　　　中長針9，3中長針加針1，（中長針12，3中長針加針1）
　　　　　　　×3，中長針6　（共63個針目）

第7段　　　　中長針7，3中長針加針1，（中長針14，3中長針加針1）
　　　　　　　×3，中長針10　（共71個針目）

第8段　　　　中長針11，3中長針加針1，（中長針16，3中長針加針1）
　　　　　　　×3，中長針8　（共79個針目）

從第9段起會進入前片的配色階段（照片中衣服前方的橢圓形色塊），請
按照每段旁邊加註的針數來換色織。比如說，第9段〔5－8－5〕的意思是
織完袖子部分到前片時，先用衣身的色線鉤5目中長針，換成配色的線鉤8
目中長針，再換回衣身的色線鉤5目中長針。

以配色線編織時，主色線要壓在針目裡隱藏。換到鉤主色線時，配色線不
一起帶起，而是留在原位，等到織下一段時直接拉過來用。照片1-6

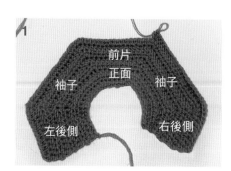

正面

反面

第9段〔5－8－5〕中長針9，3中長針加針1，（中長針18，3中長針加針1）×3，中長針12　（共87個針目）

第10段〔4－11－5〕中長針13，3中長針加針1，（中長針20，3中長針加針1）×3，中長針10　（共95個針目）

第11段〔4－14－4〕中長針11，3中長針加針1，（中長針22，3中長針加針1）×3，中長針14　（共103個針目）

第12段〔3－17－4〕中長針15，3中長針加針1，（中長針24，3中長針加針1）×3，中長針12　（共111個針目）

第13段〔3－20－3〕中長針13，3中長針加針1，（中長針26，3中長針加針1）×3，中長針16　（共119個針目）

第14段〔2－23－3〕中長針17，3中長針加針1，（中長針28，3中長針加針1）×3，中長針14　（共127個針目）

第15段（分袖）中長針16，鎖針10，滑針30，中長針4，換成配色線 中長針24，換成衣身色線 中長針4，鎖針10，滑針30，中長針19（共87個針目）照片7-8

第16段　　中長針33，換成配色線 中長針24，換成衣身色線 中長針30（共87個針目）

遇到鎖針時鉤前半目。照片9

第17段　　中長針30，換成配色線 中長針24，換成衣身色線 中長針33（共87個針目）

第18～27段　反覆第16段至第17段

第28段　　　　中長針34，換成配色線 中長針21，換成衣身色線 中長針32
　　　　　　　（共87個針目）

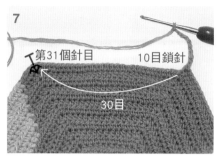

在第29段，把最初的3目（第1、2、3個針目）與最後的3目（第85、86、87個針目）重疊在一起，並從此處開始鉤。照片10-13

第29段	中長針33，換成配色線 中長針18，換成衣身色線 中長針33（共84個針目）

於第1目上做引拔針之後進行環狀編織。此外，為了統一織物的條紋，在鉤的時候每段都要改變方向，所以在奇數段時會看著正面、偶數段時會看著反面。此時要多留意引拔針。（參考P.89水手領襯衫的袖子織法）

第30段	**翻至反面** 中長針34，換成配色線 中長針15，換成衣身色線 中長針35
第31段	**翻至正面** 中長針36，換成配色線 中長針12，換成衣身色線 中長針36

換線的部分已結束，接下來只需用衣身的色線織下去。

第32段	**翻至反面** 中長針84
第33段	**翻至正面** 中長針84
第34～36段	反覆第32段至第33段

左褲管

（環狀往返編織）

從第37段起要編織褲管，左右邊分開織。請直接接續織左褲管。

第37段	鉤10目鎖針後**翻至正面**，從第36段最後數來第43個針目（但不計入引拔針）上做引拔針，這第43個針目會是左褲管的第1目。接著鉤2目鎖針起立針，以中長針開始。^{照片14-18} 中長針42，（遇到鎖針時鉤後半目）中長針10（共52個針目）
第38段	**翻至反面** 中長針減針1，中長針6，中長針減針1，中長針42（共50個針目）
第39段	**翻至正面**（中長針6，中長針減針1，中長針6）×3，中長針減針1，中長針4，中長針減針1　（共45個針目）
第40段	**翻至反面** 中長針45
第41段	**翻至正面**（中長針13，中長針減針1）×3　（共42個針目）
第42段	**翻至反面** 中長針42
第43段	**翻至正面**（中長針6，中長針減針1，中長針6）×3（共39個針目）
第44段	**翻至反面** 中長針39
第45段	**翻至正面**（中長針11，中長針減針1）×3　（共36個針目）
第46段	**翻至反面** 中長針36
第47段	**翻至正面** 中長針36
第48段	**翻至反面** 中長針36

第49段	**翻至正面**（中長針4，中長針減針1）×6　（共30個針目）
	現在開始不翻面，只看著正面編織。
第50～52段	（表引中長針1，裡引中長針1）×15
	最後換成毛線縫針，把線與第1目連接並整理收尾。照片19

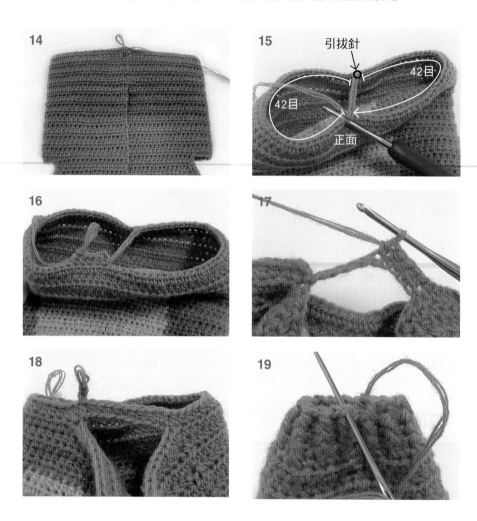

右褲管

（環狀往返編織）

右邊的褲管要看著衣身正面、從臀部的地方開始編織。照片20

第37段	中長針42，（遇到鎖針時鉤剩餘半目）中長針10
	（共52個針目）
	如果第36段的引拔針位置有一個洞，建議做個併針，讓洞消
	失。如圖，像這樣出現洞的時候，兩邊的針目都要做併針，
	如此一來即使沒有改變針數，仍能解決洞的問題。照片21-22
第38～52段	織法同左褲管的第38段至第52段照片23

112

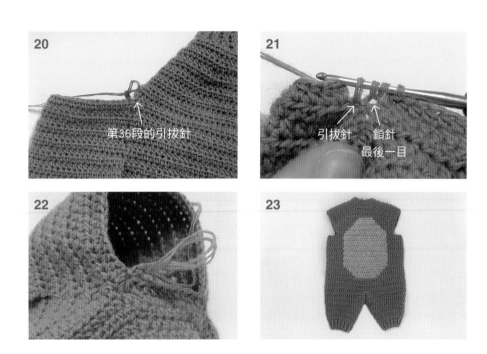

第36段的引拔針

引拔針　　鎖針
最後一目

袖子
（環狀往返編織）

右邊和左邊的編織方法相同。把線接在腋窩中間後開始。^{照片24}

第1段（挑針）於腋窩鉤中長針5，於中長針的針腳鉤中長針1，於分袖針
目鉤中長針30，於中長針的針腳鉤中長針1，於腋窩鉤中長
針5 ^{照片25} （共42個針目）

第2段　　**翻至反面** 中長針3，中長針減針1，中長針32，中長針減針
1，中長針3 （共40個針目）

第3段　　**翻至正面** 中長針40

第4段　　**翻至反面** 中長針2，中長針減針1，中長針32，中長針減針
1，中長針2 （共38個針目）

第5段　　**翻至正面** 中長針38

第6段　　**翻至反面** 中長針1，中長針減針1，中長針32，中長針減針
1，中長針1 （共36個針目）

第7段	**翻至正面** 中長針36
第8段	**翻至反面**（中長針4，中長針減針1）×6 （共30個針目）
第9段	**翻至正面** 中長針30
第10段	**翻至反面**（中長針3，中長針減針1）×6 （共24個針目）
第11段	**翻至正面** 中長針24
	現在開始不翻面，直接看著正面編織。
第12～14段	（表引中長針1，裡引中長針1）×12
	用毛線縫針連接第1目來收尾。^{照片26}

現在開始不翻面，直接看著正面編織。

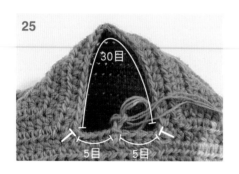

尾巴

（環狀編織）

第1段（輪狀起針）	短針8
第2段	短針加針8 （共16個針目）
第3段	（短針1，短針加針1）×8 （共24個針目）
第4段	短針24
第5段	（短針減針1，短針10）×2 （共22個針目）
第6段	（短針減針1，短針9）×2 （共20個針目）
第7段	（短針減針1，短針8）×2 （共18個針目）
第8段	（短針減針1，短針7）×2 （共16個針目）
	預留要在衣身縫合的線長後，以鎖針打結並整理收尾。

在織物裡塞入一些棉花或毛線球，增添飽滿感，然後對摺、縫合在衣身的臀部位置上。^{照片27-28}

最後於後襟縫上四合扣即完成。 照片29-30

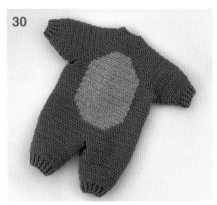

小熊帽
Bear Hood

Preparation

使用的線材	使用的針	配件	織片密度
羔羊毛線3股	毛線鉤針2號 （2mm）	1顆鈕扣（照片上 的是1cm撞釘扣）	5cm×5cm 中長針・17針×13段

帽沿

（往返編織）

首先用帽子的色線，編織70個鎖針作為起針。

第1段（鉤裡山）中長針70

第2～4段　短針1，（表引中長針1，裡引中長針1）×34，短針1
（共70個針目）

帽子

（往返編織）

直接接續編織。

第1段（畝編）短針1，中長針68，短針1　（共70個針目）

第2～10段　短針1，中長針68，短針1

第11段　短針1，中長針9，（中長針減針1，中長針8）×2，中長針
減針1，中長針6，（中長針減針1，中長針8）×2，中長針
減針1，中長針9，短針1　（共64個針目）

第12～14段　短針1，中長針62，短針1

第15段　短針1，中長針9，（中長針減針1，中長針7）×2，中長針
減針1，中長針4，（中長針減針1，中長針7）×2，中長針
減針1，中長針9，短針1　（共58個針目）

第16～18段　短針1，中長針56，短針1　（共58個針目）

第19段　短針1，中長針9，（中長針減針1，中長針5）×2，中長針
減針1，中長針6，（中長針減針1，中長針5）×2，中長針
減針1，中長針9，短針1　（共52個針目）

第20～22段　短針1，中長針50，短針1

預留要手縫的線長後，以鎖針打結並整理收尾。

把織物的正面朝內互相對齊，從反面把相接觸的針目縫合。照片1

側邊扣帶	第1段	用帽子的色線鉤8目鎖針之後，看著帽子正面鉤短針。^{照片2}

側邊扣帶
（往返編織）

第1段　用帽子的色線鉤8目鎖針之後，看著帽子正面鉤短針。^{照片2}
從帽沿（第4段）到帽子（第22段），之後再回到帽沿（第4段），每一段都加1個短針，總共鉤52目，然後再鉤8目鎖針。^{照片3}　（共68個針目）

若是看不出一段一段的，可以看著每兩段所產生的條紋來織，也就是說每一個條紋要加2針。

第2段　短針22，短針減針12，短針22　（共56個針目）

第3段　短針56

第4段（扣眼）短針5，（短針加針1，短針2）×4，（中長針加針1，中長針2）×7，中長針加針1，（短針2，短針加針1）×4，短針2，鎖針2（扣眼），滑針2，短針1　（共72個針目）

選用不需扣眼的四合扣時，就不須製造洞孔，改鉤短針。

第5段　短針20，中長針32，短針20　（共72個針目）

第6段　短針14，中長針44，短針14

剪線、以鎖針打結後，用毛線縫針整理收尾。

第7段（整理邊緣）看著正面，把線接在上段的最後一目，鉤1目鎖針後開始整理邊緣。

短針7，於邊角針目上鉤〔短針1、鎖針1、短針1〕，段上鉤短針4，於邊角針目上鉤〔短針1、鎖針1、短針1〕，短針70，於邊角針目上鉤〔短針1、鎖針1、短針1〕，段上鉤短針4，於邊角針目上鉤〔短針1、鎖針1、短針1〕，短針7，於上段最後一目做引拔針後，用毛線縫針整理收尾。照片4-6

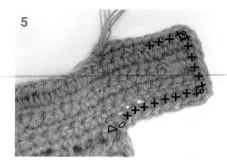
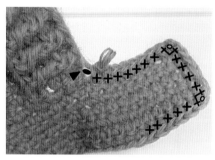

兩隻耳朵	第1段（鎖針起針）短針8
（環狀編織）	第2段　　　短針加針8　　（共16個針目）
	第3段　　　（短針1，短針加針1）×8　　（共24個針目）
	第4～7段　　短針24
	第8段　　　（短針4，短針減針1）×4　　（共20個針目）
	第9段　　　短針20

預留要把耳朵縫在帽子上的線長後，以鎖針打結。

把織物對摺，找出耳朵在帽子上的位置後進行縫合。照片7-8

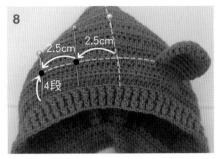

若以符合織片密度的標準做出耳朵和帽子，可參考照片上標示的位置進行縫合。若非相同的織片密度，請另外找出適當的位置。

最後縫上扣子即完成。照片9

蘑菇毛衣
Mushroom Sweater

使用的線材	使用的針	配件	織片密度
羔羊毛線3股	毛線鉤針2號 （2mm）	4顆鈕扣（9mm）	5cm×5cm 中長針・17針×13段

可以讓帶有蘑菇圖案的那面穿在身體前面、當作毛衣，也可以反過來當開襟衫穿。如果不需要蘑菇圖案，可以都用中長針3針玉編來織，完成一件無圖案的素面毛衣。

C＝在一個針目內鉤〔中長針3針玉編1、鎖針1、中長針3針玉編1〕

中長針3針玉編是指在同一個針目上鉤三個未完成的中長針，然後再把鉤針繞線、一次整個拉出來，製造出鼓起的效果。衣身要反覆鉤1目中長針3針玉編、1目鎖針，這裡的鎖針也算在針數裡，所以鉤了1目鎖針後，一定要空1目後再鉤玉編。照片1-3 蘑菇圖案則要鉤中長針5針玉編。

玉編還可分為兩種形式，一種是在把針鉤入前一織段時，分開此針目再鉤入；另一種則是由整個鎖針的下方入針，挑束鉤入。照片4 接下來若遇到在鎖針上鉤玉編時，都是用挑束的方式進行。

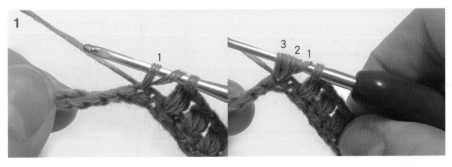

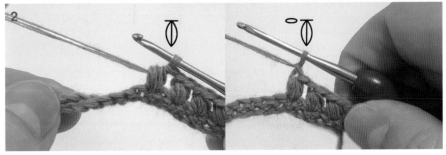

衣身
（往返編織）

首先用衣身的色線，編織43個鎖針作為起針。

第1段（鉤裡山）短針43

第2段　　　中長針1，（中長針3針玉編1，鎖針1）×2，C1，
　　　　　（鎖針1，中長針3針玉編1）×4，鎖針1，C1，
　　　　　（鎖針1，中長針3針玉編1）×5，鎖針1，C1，
　　　　　（鎖針1，中長針3針玉編1）×4，鎖針1，C1，
　　　　　（鎖針1，中長針3針玉編1）×2，中長針1

第3段　　　中長針2，（中長針3針玉編1，鎖針1）×2，C1，
　　　　　（鎖針1，中長針3針玉編1）×5，鎖針1，C1，
　　　　　（鎖針1，中長針3針玉編1）×6，鎖針1，C1，
　　　　　（鎖針1，中長針3針玉編1）×5，鎖針1，C1，
　　　　　（鎖針1，中長針3針玉編1）×2，中長針2

第4～16段　　請參照織圖進行

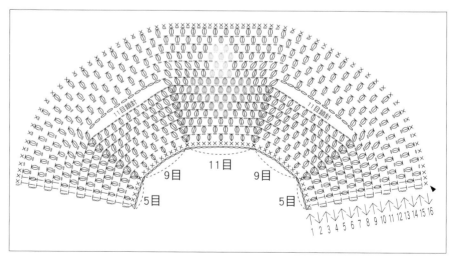

衣身的織圖

編織到蘑菇圖案時必須不斷地更換色線，換線時機在前一目的最後階段，也就是說，鉤了鎖針後就要換色線鉤玉編，再換回原本的色線繼續織。編織蘑菇圖案時，衣身的色線要持續壓在針目裡、藏起來進行；而蘑菇的色線一結束就直接放在原位，等到下一段再拉過去使用。照片5-10

織完第16段後剪線，用毛線縫針整理收尾。

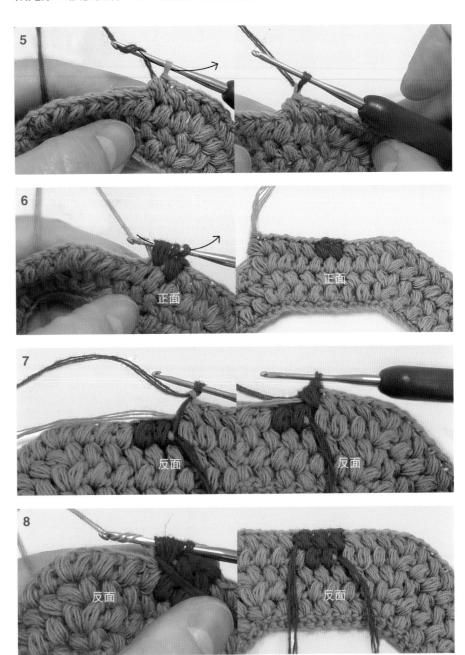

下擺	看著衣身正面，用下擺的色線接在右邊最後一目上並鉤5目鎖針。^{照片11}

（往返編織）

第1段　　短針4，與衣身的最後數來第2個針目連接並鉤短針1 ^{照片12}

（在進行第五個短針時，要在短針未完成的狀態下由衣身的的針目入針，繞線後一次穿出。）

第2段　　於衣身的第3個針目上做引拔針，然後將織物轉向、鉤短針畝編5 ^{照片13-14}

第3段　　短針畝編4，與衣身的下一目連接後鉤短針畝編1

第4段　　於衣身的下一目上做引拔針，然後轉向鉤短針畝編5

第5～74段　　反覆第3段至第4段^{照片15}

剪線、以鎖針打結後，用毛線縫針整理收尾。

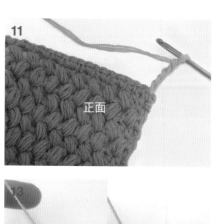

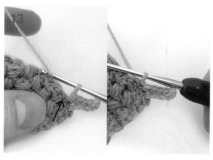

15

領口	看著衣身正面，用同下擺的色線，接在領口最右邊針目上並鉤3目鎖針。

領口
（往返編織）

看著衣身正面，用同下擺的色線，接在領口最右邊針目上並鉤3目鎖針。和下擺的織法相同。照片16

第1段　　短針2，與領口最後數來第2個針目連接後鉤短針1

第2段　　於領口第3個針目上做引拔針，然後轉向鉤短針畝編3

第3段　　短針畝編2，與領口下一目連接後鉤短針畝編1

第4段　　於領口下一目上做引拔針，然後轉向鉤短針畝編3

第5～42段　反覆第3段至第4段

剪線、以鎖針打結後，用毛線縫針整理收尾。

16

正面

後襟
裝扣子的段
（往返編織）

後襟的扣子要縫在衣服穿上身後蘑菇圖案位在正前方時的左邊。

衣身段的整理

用開襟段的色線，看著衣身正面，從下擺至領口進行挑針。照片17-18 於下擺鉤短針5，於衣身（短針段：每段加1個短針；中長針段：每兩段加3個短針）鉤短針23，在領口鉤短針3。加完共31目短針之後，以鎖針打結並用毛線縫針整理。

看著正面，再用開襟段的色線，接在衣身整理段的最後一目上，並鉤3目鎖針。照片19

和下擺的織法相同。

第1段　　　　短針2，與整理段最後第2個針目連接後鉤短針1

第2段　　　　於整理段下一目上做引拔針，將織物轉向、鉤短針畝編3

第3段　　　　短針畝編2，與整理段下一目連接後鉤短針畝編1

第4段　　　　於整理段下一目上做引拔針，將織物轉向、鉤短針畝編3

第5～30段　　反覆第3段至第4段

　　　　　　　剪線、以鎖針打結後，用毛線縫針整理收尾。

後襟扣眼段　　相對於扣子，扣眼要製作在衣服穿上身後蘑菇圖案在正前方時的右邊。
（往返編織）

衣身段的整理

用開襟段的色線，看著衣身正面，從領口至下擺進行挑針。照片20-21 於領口段鉤短針3，於衣身（短針段：每段加1個短針；中長針段：每兩段加3個短針）鉤短針23，在下擺鉤短針5。加完共31目短針之後，以鎖針打結並用毛線縫針整理。

看著正面，再用開襟段的色線，接在衣身整理段的最後一目上，並鉤3目鎖針。和左邊的織法相同，不過中間要製作4個扣眼。但選用不需扣眼的扣子時，就不需要鉤鎖針的洞。

第1段　　　短針2，與整理段下一目連接後鉤短針1

第2段　　　於整理段下一目上做引拔針，然後轉向鉤短針畝編3

第3段（扣眼）短針畝編2，鎖針1，滑針1，
　　　　　　於整理段下一目上做引拔針 照片22

第4段　　　於整理段下一目上做引拔針，轉向鉤短針畝編3（遇到鎖針就挑束鉤短針）照片23

第5～10段　與整理段的針目連接後鉤短針畝編

第11段（扣眼）同第3段

第12～18段　與整理段的針目連接後鉤短針畝編

第19段（扣眼）同第3段

第20～26段　與整理段的針目連接後鉤短針畝編

第27段（扣眼）同第3段

第28～30段　與整理段的針目連接後鉤短針畝編
　　　　　　剪線、以鎖針打結後，用毛線縫針整理收尾。

袖子
（環狀編織）

左右邊袖子的織法相同。

用衣身的色線接在腋窩中間。^{照片24}照片24

第1段　　　於腋窩鉤短針6，於玉編的針腳鉤短針2，於分袖針目鉤短針23，於玉編的針腳鉤短針2，於腋窩鉤短針5（共38個針目）

　　　　　剪線並整理後，用袖子的色線，接在第1段第1個針目的後半目上。接下來每兩段換色，織到換色的段時會進行畝編。注意要在做完引拔針後再換色，顏色才能自然地連接。^{照片25}照片25

第2段（畝編）中長針減針1，中長針36　　（共37個針目）

第3段　　　中長針減針1，中長針35　　（共36個針目）

第4段（換色／畝編）中長針減針1，中長針34　　（共35個針目）

第5段　　　中長針減針1，中長針33　　（共34個針目）

第6段（換色／畝編）中長針減針1，中長針32　　（共33個針目）

第7段　　　中長針減針1，中長針31　　（共32個針目）

第8段（換色／畝編）中長針減針1，中長針30　　（共31個針目）

第9段　　　中長針減針1，中長針29　　（共30個針目）

第10段（換色／畝編）中長針減針1，中長針28　　（共29個針目）

第11段　　　中長針減針1，中長針27　　（共28個針目）

　　　　　剪線、以鎖針打結後，用毛線縫針整理收尾。

袖口	用同下擺的色線，看著正面，把線接在袖子第11段的引拔針上，並鉤4目
（往返編織）	鎖針。照片26-1

第1段	短針3，與袖子第11段第1個針目連接後鉤短針1
第2段	於袖子第2個針目上做引拔針，然後轉向鉤短針畝編4
第3段	短針畝編3，與袖子下一目連接後鉤短針畝編1
第4段	於袖子下一目上做引拔針，然後轉向鉤短針畝編4
第5～28段	反覆第3段至第4段
	預留要縫合的線長後，以鎖針打結收尾。

為了能在正面看出半目所形成的線條，須把反面接觸的針目（最後一段的半目和一開始的鎖針段）用毛線縫針縫在一起。照片26-2

蘑菇斑點

用蘑菇斑點的色線，以輪針起針並鉤6目短針。
預留要與蘑菇縫合的線長後，把線剪斷，用毛線縫針連接第1目。
製作四個左右的斑點，循著蘑菇上的圓形規律，用平針縫縫上去。照片27

最後於後襟縫上鈕扣即完成。照片28

抽繩寬褲
Baggy Pants

使用的線材	使用的針	配件	織片密度
羔羊毛線3股	毛線鉤針2號 （2mm）	裝飾用鈕扣 （6mm）	5cm×5cm 中長針・17針×13段

褲子

（環狀編織）

首先用褲子的色線，編織70個鎖針作為起針。

第1段（鉤裡山）中長針70

於第1目上做引拔針之後，進行環狀編織。

第2～11段　中長針70

做引拔針的地方即為臀部位置。

左褲管

（環狀編織）

從第12段起，左右邊的褲管要分開織。直接接續鉤12目鎖針，然後跳過35目，並於第36個針目上做引拔針。做引拔針的針目會是左邊褲管的第1個針目。照片1

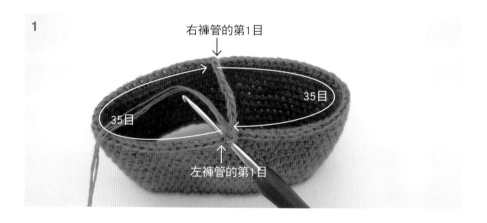

第12段　　中長針35，在鎖針的後半目上鉤中長針12　（共47個針目）
　　　　　鉤到鎖針的地方時，若有一個洞（因為上一段的引拔針），
　　　　　就要幫第35目和引拔針做併針，讓洞消失。照片2
　　　　　於第1目上做引拔針之後，進行環狀編織。

第13段	中長針35，中長針減針1，中長針8，中長針減針1（共45個針目）
第14段	中長針35，中長針減針1，中長針6，中長針減針1（共43個針目）
第15段	中長針35，中長針減針1，中長針4，中長針減針1（共41個針目）
第16段	中長針39，中長針減針1　　（共40個針目）
第17段	中長針減針1，中長針38　（共39個針目）
第18段	中長針減針1，中長針37　（共38個針目）
第19段	中長針減針1，中長針36　（共37個針目）
第20段	中長針減針1，中長針35　（共36個針目）
第21段	中長針減針1，中長針34　（共35個針目）
第22段	中長針減針1，中長針33　（共34個針目）
第23段	中長針減針1，中長針32　（共33個針目）
第24段	中長針減針1，中長針31　（共32個針目）
第25段	中長針減針1，中長針30　（共31個針目）
第26段	中長針減針1，中長針29　（共30個針目）
第27～28段	中長針30
第29段	換成褲口的色線，鉤中長針30
第30段	中長針畦編30
第31～32段	中長針30

把線剪斷後用毛線縫針整理收尾。

褲口就是開始鉤畦編的地方，要把它往外翻。

右褲管

（環狀編織）

把線接在褲子第11段第1目上，這個針目會是右褲管的第1個針目。照片3

第12段　　中長針35，於剩餘的鎖針半目鉤中長針12　　（共47個針目）

在鎖針結束的地方，若是有一個洞，就要幫鎖針最後一目和引拔針做併針，讓洞消失。照片4

於第1目上做引拔針之後，進行環狀編織。

第13～32段　和左褲管的織法相同

褲頭

（環狀編織）

把褲子對摺，確認肚子中間和臀部中間的位置（把有引拔針線條的地方當作臀部）。照片5 如果對摺後兩邊都各有35目，就可以用褲頭的色線接在臀部中間後開始。照片6

第1段　　　短針70（請無視過程中遇到的引拔針，只鉤70目）^{照片7}

第2段　　　短針5，把三針疊在一起鉤2 ^{照片8}，短針8，把三針疊在一起鉤2 ^{照片9}，短針1，把三針疊在一起鉤2，短針6，把三針疊在一起鉤2，短針1，把三針疊在一起鉤2，短針8，把三針疊在一起鉤2，短針5 ^{照片10-11}　（共46個針目）

把針目疊在一起鉤，是為了製造褲頭的皺褶，請參照下頁的圖示與照片8、9，留意針目摺疊的方向。

第3段　　　（表引中長針1，裡引中長針1）×23　（共46個針目）

第4段　　　一目內鉤〔短針、鎖針、短針〕×46 ^{照片12}

把線剪斷後用毛線縫針整理收尾。

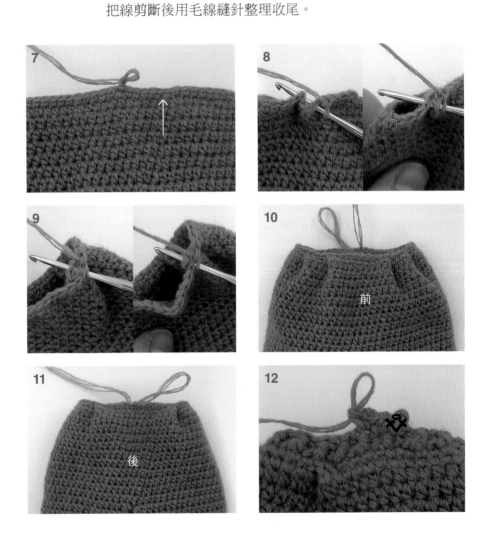

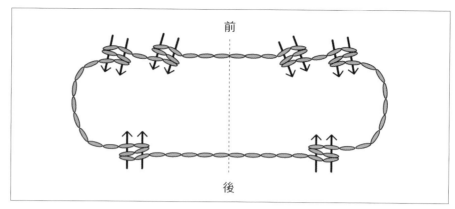

褲頭的皺褶

繩子

起30個鎖針後，於腰帶前側中間引拔來連接，接著再鉤30目鎖針，織完就把線拉出。用繩子打個蝴蝶結。照片13-14

口袋
（往返編織）

口袋請按照織圖織兩組。

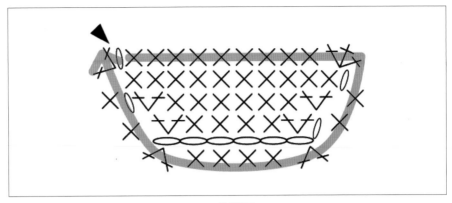

口袋織圖

編織6個鎖針作為起針。

第1段至第3段織好後，第4段進行邊緣的整理和收尾。

預留要在褲子上縫口袋的線長，然後以鎖針打結。照片15

決定好在褲子上的位置之後，在口袋上端用毛線縫針縫合。照片16-17

最後縫上鈕扣即完成。照片18

荷葉邊洋裝

Carnival Dress

使用的線材	使用的針	配件	織片密度
羔羊毛線3股	毛線鉤針2號 （2mm）	3副四合扣	5cm×5cm 中長針・17針×13段

A＝在一個針目內鉤〔長針1、鎖針1、長針1〕
編織下一段時都從鎖針下方入針（挑束）。照片1

衣身
（往返編織）

用衣身上端的色線，編織36個鎖針作為起針。

第1段（鉤裡山）短針36

第2段　　　短針36

第3段（畦編）（短針3，短針加針1）×9　（共45個針目）

第4段　　　（用衣身上端的色線鉤短針7，用圓點的色線鉤長針5針玉編
　　　　　　1）×5，短針5　（共45個針目）

　　　　　　長針5針玉編：鉤5個未完成的長針後一次全部拉出。照片2-4

第5段　　　（短針2，短針加針1，短針2）×9　（共54個針目）

第6段　　　短針54

第7段　　　短針2，（短針加針1，短針3）×13　（共67個針目）

　　　　　　剪線後用毛線縫針整理。

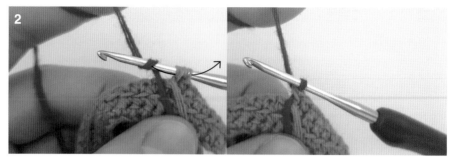

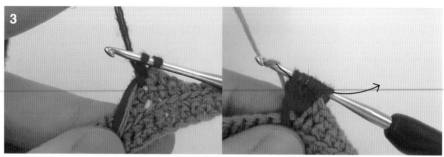

看著織物反面，換成衣身下端的色線並接在前半目上。^{照片5}

第8段（畦編）長針11，A1，長針加針14，A1，長針16，A1，長針加針
　　　　　　14，A1，長針8　　（共103個針目）

第9段　　　　長針9，A1，長針加針1，長針28，長針加針1，A1，長針
　　　　　　18，A1，長針加針1，長針28，長針加針1，A1，長針12
　　　　　　（共115個針目）

第10段　　　長針13，A1，長針加針1，長針32，長針加針1，A1，長針
　　　　　　20，A1，長針加針1，長針32，長針加針1，A1，長針10
　　　　　　（共127個針目）

第11段（分袖）長針11，於A的鎖針鉤長針1，鎖針4，滑針38，於A的鎖
　　　　　　針鉤長針1，長針22，於A的鎖針鉤長針1，鎖針4，滑針
　　　　　　38，於A的鎖針鉤長針1，長針14^{照片6}　　（共59個針目）

第12段　　　　　長針59　　（遇到鎖針時鉤前半目）

剪線、以鎖針打結後，用毛線縫針整理收尾。

反面

腰部

（往返編織）

準備腰部的兩種色線，看著衣身正面，把線接在最右邊的針目上並鉤6目鎖針。照片7

接下來的織法跟織蘑菇毛衣的下擺（p.124）一樣，接線後做畝編。

每兩段就要換色。請在每一段的最後進行，這時讓原先的線掛在針上，再把要換的線穿出來。照片8-9

正面

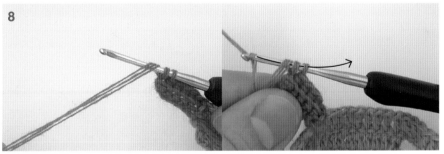

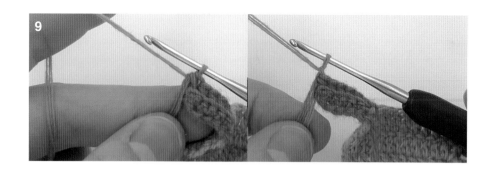

第1段	短針5，與衣身最後數來第2個針目連接後鉤短針1，於衣身最後數來第3個針目上做引拔針，然後將織物轉向、開始第2段的編織
第2段	短針畝編6
第3段	短針畝編5，與衣身下一目連接後鉤短針畝編1
第4段	於衣身下一目上做引拔針，然後將織物轉向、鉤短針畝編6
第5～58段	反覆第3段至第4段
	剪線、以鎖針打結後，用毛線縫針整理收尾。

裙子架構

（往返編織
→ 環狀編織）

看著衣身正面，用同腰部的其中一條色線來接線。

第1段	於腰部的每一段都加1個短針，共鉤58目 照片10
第2段	（短針畦編1，鎖針3，滑針2）×19，短針畦編1 照片11
第3段	鎖針起立針3，鎖針3，（於第2段短針鉤長針1，鎖針3）×18，於第2段最後一目短針鉤長針1 照片12
第4段	鎖針起立針3，鎖針3，（於第3段長針鉤長針1，鎖針3）×18，於第3段第3目鎖針起立針鉤長針1

正面

反面

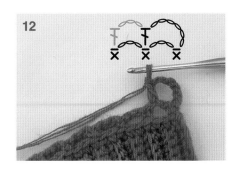

看著織物正面抽出鉤針，從第4段一開始的長針後側入針，將線圈往後鉤出來。[照片13] 鉤完最後一目、於第1目上做引拔針後，進行環狀編織。[照片14]

第5段	鎖針起立針3，鎖針3，將第4段的長針和第3個鎖針起立針相疊著鉤長針1 [照片15]，鎖針3，（於第4段長針鉤長針1，鎖針3）×16
第6段	鎖針起立針3，鎖針3，（於第5段長針鉤長針1，鎖針3）×17
	剪線、以鎖針打結後，用毛線縫針整理收尾。[照片16]

外裙

（往返編織
→ 環狀編織）

第1段	從裙子架構第2段的3目鎖針上開始。
	（把鉤針從鎖針下方空間入針，挑起整束鉤長針4）×18 ^{照片17}
	（共72個針目）
第2段	（長針3，長針加針1）×18 　（共90個針目）
	鉤完最後一目、於第1目上做引拔針，再鉤鎖針起立針，然後翻面，看著正面進行環狀編織。^{照片18}
第3段	（長針2，長針加針1）×30 　（共120個針目）
第4～8段	長針120
	做引拔針之前就換成毛線縫針，把線與第1目連接收尾。

襯裙
（環狀編織）

鉤在裙子架構的第4段與第6段，織法也相同。

在編織襯裙第2段到第7段的過程中，要進入下一段時不在第1目上做引拔針，而是鉤中長針、長針，因此會改變起始位置，請多加留意。照片19

第1段　　　鉤在裙子架構（第4段、第6段）的3目鎖針上。
　　　　　　（鉤針從鎖針下方空間入針，挑起整束鉤長針5）×18
　　　　　　（共90個針目）
　　　　　　在裙子架構第4段中會遇到兩條合併的線須一起挑針。照片20
　　　　　　於第1目做引拔針之後，進行環狀編織。

第2段　　　（短針1，鎖針3，滑針1）×44，短針1，鎖針1，滑針1，
　　　　　　於第1目鉤中長針1

第3段　　　一開始鉤鎖針起立針
　　　　　　（於第2段的3目鎖針下方空間鉤短針1，鎖針4）×44，
　　　　　　於第2段的3目鎖針下方空間鉤短針1，鎖針1，
　　　　　　於第1目鉤長針1

第4段　　　（於第3段的4目鎖針下方空間鉤短針1，鎖針5）×44，
　　　　　　於第3段的4目鎖針下方空間鉤短針1，鎖針2，
　　　　　　於第1目鉤長針1

第5～7段　　　（於前一段的5目鎖針下方空間鉤短針1，鎖針5）×44，

於前一段的5目鎖針下方空間鉤短針1，鎖針2，

於第1目鉤長針1

第8段　　　　（於前一段的5目鎖針下方鉤短針1，鎖針5）×45

於第1目上做引拔針

剪線後，用毛線縫針整理收尾。

腰部蕾絲

（往返編織）

看著正面，把線接在裙子架構第1段的前半目後開始。照片21

第1段　　　短針畦編55

第2段　　　（短針4，短針加針1，短針4）×6，短針1　　（共61個針目）

第3段　　　短針61

第4段　　　（短針1，滑針2，7長針加針1，滑針2）×10，短針1

（共81個針目）

第5段　　　短針4，（短針加針1，短針7）×9，短針加針1，短針4

（共91個針目）

剪線、以鎖針打結後，用毛線縫針整理收尾。

袖子	右邊和左邊的織法相同。
（環狀編織）	用衣身的色線接在腋窩中間後開始。照片22

第1段　　　　於腋窩針目鉤長針2，於長針的針腳鉤長針2，於分袖針目鉤
　　　　　　　長針38，於長針的針腳鉤長針2，於腋窩針目鉤長針2
　　　　　　　（共46個針目）

第2段　　　　短針減針23　　（共23個針目）

第3段　　　　短針23
　　　　　　　把線剪斷，換成袖子蕾絲的色線，接在第3段的後半目。

第4段（蕾絲）鎖針起立針3，鎖針3，
　　　　　　　從第2目開始鉤（長針畝編1，鎖針3）×22
　　　　　　　若第3段引拔針的位置有空洞，可以在引拔針上鉤〔長針1、
　　　　　　　鎖針3〕。照片23
　　　　　　　於第3目鎖針起立針上做引拔針，剪線後用毛線縫針整理。

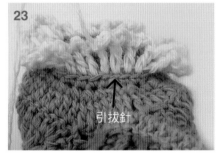

領口蕾絲　　看著正面，從領口最右邊起算，空出3目開襟鈕扣的位置後，把線接在後
　　　　　　半目上。照片24

織法與袖子蕾絲一樣。

第1段　　　鎖針起立針3，鎖針3，

　　　　　從第2目開始鉤（長針畝編1，鎖針3）×31，長針1

　　　　　剪線、以鎖針打結後，用毛線縫針整理收尾。

胸前蕾絲　　將洋裝上下顛倒擺放，看著背面，把線接在衣身第7段剩下的半目上。

第1段（畦編）在一目內鉤〔長針1、鎖針1、長針1〕×64

　　　　　最後會剩下3目開襟鈕扣的空間。照片25

　　　　　剪線、以鎖針打結後，用毛線縫針整理收尾。

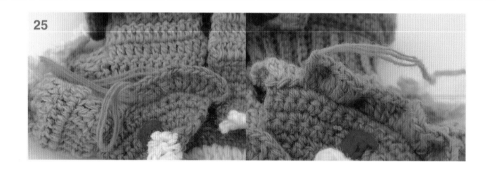

最後於後襟縫上四合扣即完成。照片26-27

PART 2

Lee Sanra

李珊羅作品

春季精靈洋裝

The Spring
Fairy

使用的線材	使用的針	配件	織片密度
畢卡索棉線（約18g）	毛線鉤針2號	四合扣或鈕扣	1cm×1cm
＊可替代線材：羔羊毛線3	（2mm）		短針・3針×3段
股、安哥拉羊毛線3股			

這件洋裝先以往返編織的方式，從領口編到腰部，完成第12段時變成環狀編織直到裙擺，最後再加上肩檔的褶邊。過程中要在腰部換色。

衣身

觀看影片

起58個鎖針（含1個鎖針起立針）後開始編織。

第1段　　　短針57

第2段　　　短針7，短針加針1，短針13，短針加針1，短針13，短針加針1，短針13，短針加針1，短針7　（共61個針目）

第3段（畝編）長針8，長針加針1，鎖針4，滑針13，長針加針1，長針15，長針加針1，鎖針4，滑針13，長針加針1，長針8（共47個針目）

第4段　　　短針47

第5段　　　短針9，短針減針1，短針25，短針減針1，短針9（共45個針目）

第6～9段　　短針45

第10～11段（換色）短針45

第12段　　　滑針2，
　　　　　　（長針1，滑針1，〔長針1、鎖針2、長針1〕，滑針1）×11

第13段　　　（表引長針1，〔長針2、鎖針2、長針2〕）×11

第14段　　　（表引長針1，〔長針3、鎖針2、長針3〕）×11

第15～18段　（表引長針1，〔長針4、鎖針2、長針4〕）×11

第19段　　　（表引長針1，〔長針4、鎖針3、長針4〕）×11
　　　　　　剪線後用毛線縫針整理收尾。

肩檔褶邊

將洋裝上下顛倒擺放，把線接在第3段，滑2目後開始。
（畦編）（〔短針1、鎖針3、長針1〕，滑針1）×29，短針1

最後於洋裝後面縫上扣子即完成。

短版上衣
Crop Top Shirt

Preparation			
使用的線材 畢卡索棉線 （約18g）	使用的針 毛線鉤針2號 （2mm）	配件 四合扣	織片密度 1cm×1cm 短針・3針×3段

這是一件短版的上衣，以兩種顏色交替編織而成。採往返編織的方式，從領口往下進行，最後再編織左右邊的袖子。

衣身

觀看影片

起45個鎖針（含1個鎖針起立針）後開始編織。

第1段（鉤裡山／主色）短針44

第2段　　　短針7，3短針加針1，短針7，3短針加針1，短針12，3短針加針1，短針7，3短針加針1，短針7　（共52個針目）

第3段（配色）短針52

第4段　　　短針8，3短針加針1，短針9，3短針加針1，短針14，3短針加針1，短針9，3短針加針1，短針8　（共60個針目）

第5段（主色）短針60

第6段　　　短針9，3短針加針1，短針11，3短針加針1，短針16，3短針加針1，短針11，3短針加針1，短針9　（共68個針目）

第7段（配色）短針68

第8段　　　短針10，3短針加針1，短針13，3短針加針1，短針18，3短針加針1，短針13，3短針加針1，短針10　（共76個針目）

第9段（主色）短針11，鎖針4，滑針17，短針20，鎖針4，滑針17，短針11　（共50個針目）

第10段　　短針50

第11段（配色）短針12，短針減針1，短針22，短針減針1，短針12（共48個針目）

第12段　　短針48

第13～14段（主色）短針48

第15～16段（配色）短針48

第17～18段（主色）短針48

剪線後用毛線縫針整理收尾。

袖子

觀看影片

從上衣第9段4個鎖針中的第2目開始編織。

第1～2段（主色）短針21

第3～4段（配色）短針21

第5～20段　反覆第1段至第4段（可藉由反覆次數來調整袖長）

第21～22段（主色）短針21

第23段（配色）短針21

第24段　　短針1，短針減針1，短針18

吊帶裙
Overall Skirt

Preparation

使用的線材	使用的針	配件	織片密度
畢卡索棉線 （約16g）	毛線鉤針2號 （2mm）	暗扣	1cm×1cm 短針・3針×3段

觀看影片

這件吊帶裙主要分成三個部分來看，首先鉤出胸前那一片長方形織物，另外起針並從腰部連接後，再往下鉤到裙襬。一開始以往返編織方式進行，到第9段時變成環狀編織。最後則鉤兩邊的肩帶。

裙子第一片
（腰部以上）

起14個鎖針（含1個鎖針起立針）後開始編織。

第1段（鉤裡山）短針13

第2～10段　短針13

裙子第二片
（腰部以下）

起15個鎖針，沿著第一片織物的針目鉤短針13，再鉤15個鎖針

第1段　　　（遇到鎖針時從裡山鉤）短針43

第2段　　　長針3，〔表引長針1、裡引長針1〕×36，表引長針1，

　　　　　　長針3

第3段　　　短針43

第4段	長針7，長針加針1，長針3，長針加針1，長針19，長針加針1，長針3，長針加針1，長針7
第5段	短針47
第6段	長針8，長針加針1，長針3，長針加針1，長針21，長針加針1，長針3，長針加針1，長針7，長針加針1
第7段	短針52
第8段	長針9，長針加針1，長針3，長針加針1，長針23，長針加針1，長針3，長針加針1，長針10
第9段	（於第2目引拔來連接，變成環狀編織）短針55
第10段	長針55
第11段	短針55
第12～13段	反覆第10段至第11段
第14段	長針加針55　（共110個針目）
第15段	（長針1，長針加針1）×55　（共165個針目）
	剪線後用毛線縫針整理收尾。

肩帶

從裙子第二片的右邊第7個針目接線，開始編織右肩帶（左肩帶則編織在另一邊的相對位置）。

按織圖編織完成後，將肩帶往前拉，搭配鈕扣固定在胸前即可。

第1～11段　　（每段鉤）鎖針2，長針1

第12段　　鎖針3，長長針1

長長針作法：將鉤針繞兩次線後穿入針目，再次繞線並從前一個線圈拉出（針上有4個線圈），再次繞線並從前兩個線圈拉出（針上有3個線圈），再次繞線並從前兩個線圈拉出（針上有2個線圈），再次繞線並整個拉出。

第1段編法反覆11次

魔法少女裝
Magical Girl

使用的線材	使用的針	配件	織片密度
畢卡索棉線 （上衣約15g／裙子 約17g／背心約4g）	毛線鉤針2號 （2mm）	1顆鈕扣、3副暗扣	1cm×1cm 短針・3針×3段

長針開始的段，要用3個鎖針當作第1個針目。

短針開始的段，要鉤1個鎖針起立針（不算在針目裡）。

上衣

觀看影片

衣身以往返編織的方式進行，先起46個鎖針。

第1段（鉤裡山）長針7，3長針加針1，長針8，3長針加針1，長針12，3長針加針1，長針8，3長針加針1，長針7　（共54個針目）

第2段　　短針54

第3段　　長針8，3長針加針1，長針10，3長針加針1，長針14，3長針加針1，長針10，3長針加針1，長針8　（共62個針目）

第4段　　短針10，鎖針8，滑針12，短針18，鎖針8，滑針12，短針10（共54個針目）

第5段　　長針54

第6段　　短針9，短針減針1，短針6，短針減針1，短針16，短針減針1，短針6，短針減針1，短針9　（共50個針目）

第7段　　長針9，長針減針1，長針4，長針減針1，長針16，長針減針1，長針4，長針減針1，長針9　（共46個針目）

第8段　　短針9，短針減針1，短針2，短針減針1，短針16，短針減針1，短針2，短針減針1，短針9　（共42個針目）

第9段　　長針42

第10～11段　短針42

剪線後用毛線縫針整理收尾。

袖子	從衣身第4段8個鎖針的中央開始編織。
	第1段　　　短針20
	第2段　　　長針20
	第3～6段　　反覆第1段至第2段
	第7段　　　3長針加針×20
	第8段　　　長針60

可以用鎖針織一條繩子後，在第6段針目的洞上打蝴蝶結做裝飾。

肩檔蕾絲	從衣身的右邊開始編織。
	第1段　　　滑針2，（短針1，鎖針5，滑針2）×13，短針1，鎖針2，滑 　　　　　針2，短針收尾
	第2段　　　（鎖針6，短針1）×13

背心	起8個鎖針後開始編織。
 觀看影片	第1～5段　　短針8
	第6段　　　短針減針1，短針6
	第7段　　　短針5，短針減針1
	第8段　　　短針減針1，短針4
	第9段　　　短針3，短針減針1
	第10段　　　短針減針1，短針2
	第11段　　　短針1，短針減針1
	第12～42段　短針2（共31段）
	第43段　　　短針加針1，短針1
	第44段　　　短針2，短針加針1
	第45段　　　短針加針1，短針3
	第46段　　　短針4，短針加針1
	第47段　　　短針加針1，短針5
	第48段　　　短針6，短針加針1
	第49～53段　短針8

將完成的織物套在娃娃身上，再把從正面看時位於左邊的前襟，利用鎖針
製造鈕眼。

腰帶	第1～14段　　短針4

腰帶可藉由扣子連接固定，或是直接在身後打結。

裙子	起44個鎖針後開始編織。

第1段（鉤裡山／主色）短針44

第2段（配色）短針44

第3～5段（主色）短針44

第6段　　　3長針加針×41　　（共123個針目）

　　　　　留3目，做引拔針變成環狀編織。

第7～11段　長針123

裙子蕾絲	第1段　　　（短針1，鎖針5，滑針2）×43，短針1，鎖針2，短針收尾
	第2段　　　（鎖針6，短針1）×44

魔法帽
Magic Hat

使用的線材	使用的針	配件	織片密度
畢卡索棉線	毛線鉤針2號 （2mm）	—	1cm×1cm 短針・3針×3段

Preparation

以輪狀起針，但不做引拔針，進行環狀編織。

第1段	短針6
第2段	（短針2，短針加針1）×2
第3～4段	短針8
第5段	（短針1，短針加針1）×4
第6～7段	短針12
第8段	（短針2，短針加針1）×4
第9～10段	短針16
第11段	（短針3，短針加針1）×4
第12～13段	短針20
第14段	（短針4，短針加針1）×4
第15～16段	短針24
第17段	（短針5，短針加針1）×4
第18段	短針28
第19段	（短針6，短針加針1）×4
第20段	短針32
第21段	（短針7，短針加針1）×4
第22段	短針36
第23段	（短針8，短針加針1）×4
第24段	短針40
第25段	（短針9，短針加針1）×4
第26段	短針44
第27段	（短針10，短針加針1）×4

第28段　　　短針48

第29段　　　（短針7，短針加針1）×6

第30段　　　短針54

第31段　　　（短針8，短針加針1）×6

第32段　　　短針60

第33段　　　（短針9，短針加針1）×6

第34段　　　短針66

第35段　　　（短針2，短針加針1）×22

第36～37段　短針88

第38段　　　（短針3，短針加針1）×22

第39～40段　短針110

第41段　　　（短針3，短針加針1）×27，短針2

第42段　　　短針137

　　　　　　於帽簷引拔收尾。

編織完成的帽子請由上往下用力壓來定型。

襯裙
Petticoat

Preparation

使用的線材	使用的針	配件	織片密度
夢代爾毛線1股	毛線鉤針2號 （2mm）	—	此花紋織片會越鉤越寬，故省略。

觀看影片

襯裙可以穿在洋裝裡面，增加蓬鬆感。

先使用彈力線打結、形成一個圓環，作為鬆緊帶，再開始用毛線繞著圓環鉤長針。

第1段	長針44
第2段	（長針1，鎖針1）×44
第3段	（於第2段的鎖針鉤）
	（長針2，鎖針2，長針2）×22，長針2
第4～8段	（於第3段的鎖針鉤）
	長針2，（長針2，鎖針2，長針2）×21，長針2，鎖針1
	最後鉤短針與第1目鎖針起立針連接。

可藉由反覆第4段的操作來調整襯裙長短。

制服
Kindergarten Uniform

Preparation

使用的線材
畢卡索棉線
（襯衫約12g／開襟衫
約20g／褲子約13g）

使用的針
毛線鉤針2號
（2mm）

配件
四合扣、4顆鈕扣

織片密度
1cm×1cm
短針・3針×3段

襯衫	起45個鎖針（含1個鎖針起立針）後開始編織。
第1段	短針44
第2段	短針7，3短針加針1，短針7，3短針加針1，短針12，3短針加針1，短針7，3短針加針1，短針7 （共52個針目）
第3段	短針52
第4段	短針8，3短針加針1，短針9，3短針加針1，短針14，3短針加針1，短針9，3短針加針1，短針8 （共60個針目）
第5段	短針60
第6段	短針9，3短針加針1，短針11，3短針加針1，短針16，3短針加針1，短針11，3短針加針1，短針9 （共68個針目）
第7段	短針68
第8段	短針10，3短針加針1，短針13，3短針加針1，短針18，3短針加針1，短針13，3短針加針1，短針10 （共76個針目）
第9段	短針76
第10段	短針12，鎖針4，滑針15，短針22，鎖針4，滑針15，短針12 （共54個針目）
第11段	短針11，短針減針1，短針28，短針減針1，短針11 （共52個針目）
第12段	短針10，短針減針1，短針28，短針減針1，短針10 （共50個針目）
第13段	短針9，短針減針1，短針28，短針減針1，短針9 （共48個針目）
第14段	短針48

第15段	短針8，短針減針1，短針28，短針減針1，短針8
	（共46個針目）
第16段	短針46
第17段	短針7，短針減針1，短針28，短針減針1，短針7
	（共44個針目）
第18～20段	短針44
	剪線後用毛線縫針整理收尾。

領口

觀看影片

領口分成左右邊，分別使用了襯衫中央12個針目中的6目開始編織。

第1段	短針6
第2段	短針7
第3段	滑針1，短針6
第4段	滑針1，短針7，引拔針

開襟衫衣身

起63個鎖針（含1個鎖針起立針）後開始編織。

第1段	短針62
第2段	短針12，3短針加針1，短針10，3短針加針1，短針14，3短針加針1，短針10，3短針加針1，短針12　（共70個針目）
第3段	短針70
第4段	短針13，3短針加針1，短針12，3短針加針1，短針16，3短針加針1，短針12，3短針加針1，短針13　（共78個針目）
第5段	短針78
第6段	短針14，3短針加針1，短針14，3短針加針1，短針18，3短針加針1，短針14，3短針加針1，短針14　（共86個針目）
第7段	短針86
第8段	短針15，3短針加針1，短針16，3短針加針1，短針20，3短針加針1，短針16，3短針加針1，短針15　（共94個針目）
第9段	短針17，鎖針4，滑針18，短針24，鎖針4，滑針18，短針17（共66個針目）
第10～21段	短針66
第22段	（整理邊緣）鎖針1，短針21
	剪線後用毛線縫針整理收尾。

開襟衫袖子

觀看影片

直到換色前都須一邊轉動織物一邊編織（環狀編織）。

腋窩的兩端要各加1目，連同鎖針4目與滑針18目，總共是24目。

第1～18段　　短針24

第19段　　　短針畦編24

第20段（換色）（第18段鉤）長針畝編24

第21～22段　短針24

褲子

先使用彈力線打結、形成一個圓環，作為鬆緊帶，再開始用毛線繞著圓環鉤。第2段開始要一邊轉動織物一邊編織（環狀編織）。

第1段　　　　中長針50

第2～12段　　短針50

第13段　　　　短針12，3短針加針1，短針24，3短針加針1，短針12
　　　　　　　（共54個針目）

第14段　　　　短針13，3短針加針1，短針26，3短針加針1，短針13
　　　　　　　（共58個針目）

第15段　　　　短針14，短針加針1，短針28，短針加針1，短針14
　　　　　　　（共60個針目）

一側褲管

第16段　　　　短針15，鎖針6（分腿），短針15

第17～19段　　短針36
　　　　　　　不翻面、看著織物正面編織

第20段　　　　（表引中長針1，裡引中長針1）×18

另一側褲管

從剩餘針目中的第16目開始。

從開始的位置，要看著褲子內面來編織。

第16～19段　　短針36
　　　　　　　不翻面、看著織物正面編織

第20段　　　　（表引中長針1，裡引中長針1）×18

制服帽
Hat

Preparation

使用的線材	使用的針	配件	織片密度
畢卡索棉線 （約11g）	毛線鉤針2號 （2mm）	—	1cm×1cm 短針‧3針×3段

這頂帽子是以環狀編織進行，可使用輪狀起針，一圈一圈往外增加針目。

第1段　　　短針6

第2段　　　短針加針1×6

第3段　　　（短針加針1，短針1）×6

第4段　　　（短針加針1，短針2）×6

第5段　　　（短針加針1，短針3）×6

第6段　　　（短針加針1，短針4）×6

第7段　　　（短針加針1，短針5）×6

第8段　　　（短針加針1，短針6）×6

第9段　　　（短針加針1，短針7）×6

第10段　　短針54

第11段　　（短針加針1，短針8）×6

第12～18段　短針60

第19～21段（換色）短針60

第22段　　（短針加針1，短針4）×12

第23段　　（短針5，短針加針1）×12

第24段　　短針3，（短針加針1，短針6）×11，短針加針1，短針3

第25段　　引拔收尾

褶邊泳衣

Frill
Swimsuit

使用的線材	使用的針	配件	織片密度
畢卡索棉線 或羔羊毛線3股	棒針2.5mm	—	1cm×1cm 下針・3針×5段

觀看影片

這件泳衣的編織順序，是從泳衣的後側開始，慢慢往前側編織，並於中途利用毛線縫針將前後側縫合（縫合處約為腰部的兩側）後，再繼續完成泳衣前側。接下來編織左右肩帶，最後才編織褶邊。

衣身

起32針後開始編織。

第1～4段	滑針1，下針30，上針1
第5段	滑針1，下針30，上針1
第6段	滑針1，上針30，上針1
第7段	滑針1，下針30，上針1
第8段	滑針1，上針30，上針1
第9段	滑針1，右上二併針1，下針26，左上二併針1，上針1
第10段	滑針1，上針的左上二併針1，上針24，上針的右上二併針1，上針1
第11段	滑針1，右上二併針1，下針22，左上二併針1，上針1
第12段	滑針1，上針的左上二併針1，上針20，上針的右上二併針1，上針1
第13段	滑針1，右上二併針1，下針18，左上二併針1，上針1
第14段	滑針1，上針的左上二併針1，上針16，上針的右上二併針1，上針1
第15段	滑針1，右上二併針1，下針14，左上二併針1，上針1
第16段	滑針1，上針的左上二併針1，上針12，上針的右上二併針1，上針1
第17段	滑針1，右上二併針1，下針10，左上二併針1，上針1
第18段	滑針1，上針的左上二併針1，上針8，上針的右上二併針1，上針1
第19段	滑針1，右上二併針1，下針6，左上二併針1，上針1
第20段	滑針1，上針的左上二併針1，上針4，上針的右上二併針1，上針1

第21段　　　滑針1，右上二併針1，下針2，左上二併針1，上針1

第22段　　　滑針1，上針4，上針1

第23段　　　滑針1，下針4，上針1

第24段　　　滑針1，上針4，上針1

第25～34段　反覆第23段至第24段五次

第35段　　　滑針1，右加針1，下針4，左加針1，上針1

第36段　　　滑針1，上針6，上針1

第37段　　　滑針1，右加針1，下針6，左加針1，上針1

第38段　　　滑針1，上針8，上針1

第39段　　　滑針1，右加針1，下針8，左加針1，上針1

第40段　　　滑針1，上針10，上針1

第41段　　　滑針1，右加針1，下針10，左加針1，上針1

第42段　　　滑針1，上針12，上針1

第43段　　　滑針1，右加針1，下針12，左加針1，上針1

第44段　　　滑針1，上針14，上針1

第45段　　　滑針1，右加針1，下針14，左加針1，上針1

第46段　　　滑針1，上針16，上針1

第47段　　　滑針1，右加針1，下針16，左加針1，上針1

第48段　　　滑針1，上針18，上針1

第49段　　　滑針1，右加針1，下針18，左加針1，上針1

第50段　　　滑針1，上針20，上針1

第51段　　　滑針1，下針20，上針1

第52段　　　滑針1，上針20，上針1

第53～56段　反覆第51段至第52段兩次

第57段　　　右上二併針1，下針18，左上二併針1

第58段　　　滑針1，上針18，上針1

第59段　　　滑針1，下針18，上針1

第60段　　　滑針1，上針18，上針1

第61～70段　反覆第59段至第60段五次（可依編織力道來調整長短）

第71段　　　滑針1，下針18，上針1

第72段　　　滑針1，下針18，上針1

第73段　　　滑針1，右上二併針1，下針14，左上二併針1，上針1

第74段　　　滑針1，下針3，套收針10，下針2，上針1

肩帶　　　　　　從泳衣正面的左右兩側各4目開始編織，然後在泳衣背面的中間處縫合。

起伏編　　　　（每段編）滑針1，下針2，上針1

可依據娃娃尺寸來調整肩帶長度。

褶邊　　　　　　使用泳衣領口起伏編的16個針目編織。

第1段　　　　　滑針1，上針15

第2段　　　　　滑針1，下針的加針15

第3段　　　　　滑針1，上針30

第4段　　　　　滑針1，（下針的加針1，下針1）×14，

下針的加針1，上針1

第5段　　　　　滑針1，上針45

第6段　　　　　滑針1，下針44，上針1

第7段　　　　　下針套收（編織兩個下針後，利用左針，將右針上的右針目
覆蓋到左針目上，然後重複「編織一個下針後，進行覆蓋動
作」直到結束。）

初戀感洋裝

First Love

使用的線材	使用的針	配件	織片密度
安哥拉羊毛線3股	棒針2.5mm	四合扣或鈕扣、蕾絲少量	1cm×1cm 下針·3針×5段

觀看影片

起48針後開始編織。

第1～2段　　滑針1，下針3，下針40，下針3，上針1

第3段　　　滑針1，下針3，下針4，空針1，下針1，空針1，下針8，空針1，下針1，空針1，下針12，空針1，下針1，空針1，下針8，空針1，下針1，空針1，下針4，

下針1，空針1，左上二併針1，上針1（扣眼）

第4段　　　滑針1，下針3，上針48，下針3，上針1

第5段　　　滑針1，下針3，下針5，空針1，下針1，空針1，下針10，空針1，下針1，空針1，下針14，空針1，下針1，空針1，下針10，空針1，下針1，空針1，下針5，下針3，上針1

第6段　　　滑針1，下針3，上針56，下針3，上針1

第7段　　　滑針1，下針3，下針6，空針1，下針1，空針1，下針12，空針1，下針1，空針1，下針16，空針1，下針1，空針1，下針12，空針1，下針1，空針1，下針6，下針3，上針1

第8段　　　滑針1，下針3，上針64，下針3，上針1

第9段　　　滑針1，下針3，下針7，空針1，下針1，空針1，下針14，空針1，下針1，空針1，下針18，空針1，下針1，空針1，下針14，空針1，下針1，空針1，下針7，下針3，上針1

第10段　　　滑針1，下針3，上針72，下針3，上針1

第11段　　　滑針1，下針3，下針8，空針1，下針1，空針1，下針16，空針1，下針1，空針1，下針20，空針1，下針1，空針1，下針16，空針1，下針1，空針1，下針8，下針3，上針1

第12段　　　滑針1，下針3，上針10，下針18，上針24，下針18，上針10，下針3，上針1

第13段　　　滑針1，下針3，下針10，上針套收18，下針23，上針套收18，下針9，下針3，上針1

（掛在棒針上的針數：14－24－14）

第14段	滑針1，下針3，上針9，上針的一針交叉1，上針22，上針的一針交叉1，上針9，下針3，上針1
第15段	滑針1，下針3，下針44，下針3，上針1
第16段	滑針1，下針3，上針44，下針3，上針1
第17～20段	反覆第15段至第16段兩次
第21段	滑針1，下針3，（左上二併針1，空針1）×22， 下針1，空針1，左上二併針1，上針1（扣眼）
第22段	滑針1，下針3，上針44，下針3，上針1
第23段	滑針1，下針3，下針44，下針3，上針1
第24段	滑針1，下針3，上針44，下針3，上針1
第25段	滑針1，下針3，下針2，（下針2，空針1，下針1，空針1，下針2）×8，下針2，下針3，上針1
第26段	滑針1，下針3，上針60，下針3，上針1
第27段	滑針1，下針3，下針60，下針3，上針1
第28段	滑針1，下針3，上針60，下針3，上針1
第29段	滑針1，下針3，下針60，下針3，上針1
第30段	滑針1，下針3，上針60，下針3，上針1
第31段	滑針1，下針3，下針2，（下針3，空針1，下針1，空針1，下針3）×8，下針2，下針3，上針1
第32段	滑針1，下針3，上針76，下針3，上針1
第33段	滑針1，下針3，下針76，下針3，上針1
第34段	滑針1，下針3，上針76，下針3，上針1
第35段	滑針1，下針3，下針76，下針3，上針1
第36段	滑針1，下針3，上針76，下針3，上針1
第37段	滑針1，下針3，下針2，（下針4，空針1，下針1，空針1，下針4）×8，下針2，下針3，上針1
第38段	滑針1，下針3，上針92，下針3，上針1
第39段	滑針1，下針3，下針92， 下針1，空針1，左上二併針1，上針1（扣眼）
第40段	滑針1，下針3，上針92，下針3，上針1
第41段	滑針1，下針3，下針92，下針3，上針1
第42段	滑針1，下針3，上針92，下針3，上針1
第43段	滑針1，下針3，下針2，（下針5，空針1，下針1，空針1，下針5）×8，下針2，下針3，上針1

第44段	滑針1，下針3，上針108，下針3，上針1
第45段	滑針1，下針3，上針108，下針3，上針1
第46段	滑針1，下針3，上針108，下針3，上針1
第47段	滑針1，下針3，上針108，下針3，上針1
第48段	滑針1，下針3，上針108，下針3，上針1
第49段	滑針1，下針3，下針2，（下針5，空針1，中上三併針1，空針1，下針5）×8，下針2，下針3，上針1
第50段	滑針1，下針3，上針108，下針3，上針1
第51段	滑針1，下針3，下針2，（下針3，左上二併針1，空針1，下針3，空針1，右上二併針1，下針3）×8，下針2，下針3，上針1
第52段	滑針1，下針3，上針108，下針3，上針1
第53段	滑針1，下針3，下針2，（下針2，左上二併針1，空針1，下針5，空針1，右上二併針1，下針2）×8，下針2，下針3，上針1
第54段	滑針1，下針3，上針108，下針3，上針1
第55段	滑針1，下針3，下針2，（下針1，左上二併針1，空針1，下針7，空針1，右上二併針1，下針1）×8，下針2，下針3，上針1
第56段	滑針1，下針3，上針108，下針3，上針1
第57段	滑針1，下針3，下針2，（左上二併針1，空針1，下針9，空針1，右上二併針1）×8，下針2，下針3，上針1
第58段	滑針1，下針3，上針108，下針3，上針1
第59段	滑針1，下針3，下針108， 下針1，空針1，左上二併針1，上針1（扣眼）
第60～63段	滑針1，下針3，下針108，下針3，上針1
第64段	下針套收

浪漫細肩帶
洋裝

Romance

使用的線材	使用的針	配件	織片密度
羔羊毛線3股（約19g－白色3g、粉紅色16g）	棒針2.5mm	四合扣或鈕扣	1cm×1cm 下針・3針×5段

起55針後開始編織。

第1～2段	滑針1，下針3，下針47，下針3，上針1
第3段	滑針1，下針3，下針47， 下針1，左上二併針1，空針1，下針1（扣眼）
第4段	滑針1，下針3，下針5，套收針11，下針14，套收針11，下針4，下針3，上針1 （掛在棒針上的針數：9－15－9）
第5段	滑針1，下針3，下針5，捲加針8，下針15，捲加針8，下針5，下針3，上針1
第6段	滑針1，下針3，下針41，下針3，上針1
第7段	滑針1，下針3，下針41，下針3，上針1
第8段	滑針1，下針3，上針41，下針3，上針1
第9～18段	反覆第7段至第8段五次

若想換腰帶的顏色，於第19段進行更換。
若想換裙子的顏色，於第21段進行更換。

第19～22段	滑針1，下針3，下針41，下針3，上針1
第23段	滑針1，下針3，（下針6，下針的加針1）×5，下針5，下針的加針1，下針3，上針1
第24段	滑針1，下針3，上針47，下針3，上針1
第25段	滑針1，下針3，（下針1，空針1，下針5，空針1，下針1，上針1）×5，下針1，空針1，下針5，空針1，下針1，下針3，上針1
第26段	滑針1，下針3，（上針9，下針1）×5，上針9，下針3，上針1

第27段	滑針1，下針3，（下針2，空針1，下針1，右上三併針1，下針1，空針1，下針2，上針1）×5，下針2，空針1，下針1，右上三併針1，下針1，空針1，下針2，下針3，上針1
第28段	滑針1，下針3，（上針9，下針1）×5，上針9，下針3，上針1
第29段	滑針1，下針3，（下針3，空針1，右上三併針1，空針1，下針3，上針1）×5，下針3，空針1，右上三併針1，空針1，下針3，下針3，上針1
第30段	滑針1，下針3，（上針9，下針1）×5，上針9，下針3，上針1
第31段	滑針1，下針3，（下針1，空針1，下針7，空針1，下針1，上針1）×5，下針1，空針1，下針7，空針1，下針1，下針3，上針1
第32段	滑針1，下針3，（上針11，右加針1，下針1）×5，上針11，下針3，上針1
第33段	滑針1，下針3，（下針2，空針1，下針2，右上三併針1，下針2，空針1，下針2，上針2）×5，下針2，空針1，下針2，右上三併針1，下針2，空針1，下針2，下針3，上針1
第34段	滑針1，下針3，（上針11，下針2）×5，上針11，下針3，上針1
第35段	滑針1，下針3，（下針3，空針1，下針1，右上三併針1，下針1，空針1，下針3，上針2）×5，下針3，空針1，下針1，右上三併針1，下針1，空針1，下針3，下針3，上針1
第36段	滑針1，下針3，（上針11，下針2）×5，上針11，下針3，上針1
第37段	滑針1，下針3，（下針4，空針1，右上三併針1，空針1，下針4，上針2）×5，下針4，空針1，右上三併針1，空針1，下針4，下針3，上針1
第38段	滑針1，下針3，（上針11，下針2）×5，上針11，下針3，上針1
第39段	滑針1，下針3，（下針1，空針1，下針9，空針1，下針1，上針2）×5，下針1，空針1，下針9，空針1，下針1，下針1，左上二併針1，空針1，上針1（扣眼）
第40段	滑針1，下針3，（上針13，下針1，右加針1，下針1）×5，上針13，下針3，上針1

176

第41段	滑針1，下針3，（下針2，空針1，下針3，右上三併針1，下針3，空針1，下針2，上針3）×5，下針2，空針1，下針3，右上三併針1，下針3，空針1，下針2，下針3，上針1
第42段	滑針1，下針3，（上針13，下針3）×5，上針13，下針3，上針1
第43段	滑針1，下針3，（下針3，空針1，下針2，右上三併針1，下針2，空針1，下針3，上針3）×5，下針3，空針1，下針2，右上三併針1，下針2，空針1，下針3，下針3，上針1
第44段	滑針1，下針3，（上針13，下針3）×5，上針13，下針3，上針1
第45段	滑針1，下針3，（下針4，空針1，下針1，右上三併針1，下針1，空針1，下針4，上針3）×5，下針4，空針1，下針1，右上三併針1，下針1，空針1，下針4，下針3，上針1
第46段	滑針1，（上針13，下針3）×5，上針13，下針3，上針1
第47段	滑針1，下針3，（下針5，空針1，右上三併針1，空針1，下針5，上針3）×5，下針5，空針1，右上三併針1，空針1，下針5，下針3，上針1
第48段	滑針1，下針3，（上針13，下針3）×5，上針13，下針3，上針1
第49段	滑針1，下針3，（下針1，空針1，下針11，空針1，下針1，上針3）×5，下針1，空針1，下針11，空針1，下針1，下針3，上針1
第50段	滑針1，下針3，（上針15，下針3）×5，上針15，下針3，上針1
第51段	滑針1，下針3，（下針2，空針1，下針4，右上三併針1，下針4，空針1，下針2，上針3）×5，下針2，空針1，下針4，右上三併針1，下針4，空針1，下針2，下針3，上針1
第52段	滑針1，下針3，（上針15，下針3）×5，上針15，下針3，上針1
第53段	滑針1，下針3，（下針3，空針1，下針3，右上三併針1，下針3，空針1，下針3，上針3）×5，下針3，空針1，下針3，右上三併針1，下針3，空針1，下針3，下針3，上針1
第54段	滑針1，下針3，（上針15，下針3）×5，上針15，下針3，上針1

第55段	滑針1，下針3，（下針4，空針1，下針2，右上三併針1，下針2，空針1，下針4，上針3）×5，下針4，空針1，下針2，右上三併針1，下針2，空針1，下針4，下針3，上針1
第56段	滑針1，下針3，（上針15，下針3）×5，上針15，下針3，上針1
第57段	滑針1，下針3，（下針5，空針1，下針1，右上三併針1，下針1，空針1，下針5，上針3）×5，下針5，空針1，下針1，右上三併針1，下針1，空針1，下針5，下針3，上針1
第58段	滑針1，下針3，（上針15，下針3）×5，上針15，下針3，上針1
第59段	滑針1，下針3，（下針6，空針1，右上三併針1，空針1，下針6，上針3）×5，下針6，空針1，右上三併針1，空針1，下針6， 下針1，左上二併針1，空針1，下針1（扣眼）
第60段	滑針1，下針3，（上針15，下針3）×5，上針15，下針3，上針1
第61～65段	滑針1，下針3，下針105，下針3，上針1
第66段	下針套收

Preparation

使用的線材	使用的針	配件	織片密度
Nako Colorflow（約13g） ＊可替代線材：安哥拉羊毛 　線2股、羔羊毛線2股	棒針2.5mm	四合扣或鈕扣	1cm×1cm 下針・4針×5段

起62針後開始編織。

第1～22段　　滑針1，（上針2，下針2）×15，上針1

編織至第22段時應該最少有5cm長。
接下來在偶數段遇到前一段的空針時，都在空針上扭針（扣眼除外）。

觀看影片

第23段　　　滑針1，下針3，下針4，空針1，下針1，空針1，下針14，空針1，下針1，空針1，下針14，空針1，下針1，空針1，下針14，空針1，下針1，空針1，下針4，
下針1，空針1，左上二併針1，上針1（扣眼）

第24段　　　滑針1，下針3，上針62，下針3，上針1

第25段　　　滑針1，下針3，下針5，空針1，下針1，空針1，下針16，空針1，下針1，空針1，下針16，空針1，下針1，空針1，下針16，空針1，下針1，空針1，下針5，下針3，上針1

第26段　　　滑針1，下針3，上針70，下針3，上針1

第27段　　　滑針1，下針3，下針7，套收針18，下針19，套收針18，下針6，下針3，上針1
（掛在棒針上的針數：11－20－11）

第28段　　　滑針1，下針3，上針7，捲加針8，上針20，捲加針8，上針7，下針3，上針1

第29段　　　滑針1，下針3，下針50，下針3，上針1

第30段　　　滑針1，下針3，上針50，下針3，上針1

第31～40段　反覆第29段至第30段五次

第41段　　　滑針1，下針3，右加針1，下針50，左加針1，
下針1，空針1，左上二併針1，上針1（扣眼）

第42段	滑針1，下針3，上針52，下針3，上針1
第43段	滑針1，下針3，下針52，下針3，上針1
第44段	滑針1，下針3，上針52，下針3，上針1
第45段	滑針1，下針3，右加針1，下針52，左加針1，下針3，上針1
第46段	滑針1，下針3，上針54，下針3，上針1
第47段	滑針1，下針3，下針54，下針3，上針1
第48段	滑針1，下針3，上針54，下針3，上針1
第49段	滑針1，下針3，右加針1，下針54，左加針1，下針3，上針1
第50段	滑針1，下針3，上針56，下針3，上針1
第51段	滑針1，下針3，下針56，下針3，上針1
第52段	滑針1，下針3，上針56，下針3，上針1
第53段	滑針1，下針3，右加針1，下針56，左加針1，下針3，上針1
第54段	滑針1，下針3，上針58，下針3，上針1
第55段	滑針1，下針3，下針58，下針3，上針1
第56段	滑針1，下針3，上針58，下針3，上針1
第57～84段	反覆第55段至第56段十四次（可藉由反覆次數來調整長短）
第61段	滑針1，下針3，下針58，
	下針1，空針1，左上二併針1，上針1（扣眼）
第85段	滑針1，下針3，左上二併針1，下針54，左上二併針1，
	下針1，空針1，左上二併針1，上針1（扣眼）
第86段	滑針1，下針3，上針56，下針3，上針1
第87段	滑針1，下針3，左上二併針1，下針52，左上二併針1，下針3，上針1
第88段	滑針1，下針3，上針54，下針3，上針1
第89段	上針套收

觀看影片

使用的線材	使用的針	配件	織片密度
羔羊毛線3股 （約16g）	棒針2.5mm	四合扣	1cm×1cm 下針・3針×5段

起53針後開始編織。

第1段	滑針1，（上針1，下針1）×25，上針2
第2段	滑針1，（下針1，上針1）×26
第3段	滑針1，（上針1，下針1）×25，上針2

當遇到在偶數段織的空針時，都在空針上扭針。
但遇到糖果A3紋路（以下簡稱：A3）中的空針則不用扭針。

第4段	滑針1，下針3，下針4，空針1，下針1，空針1，下針10，空針1，下針1，空針1，（上針1，下針3）×3，上針1，空針1，下針1，空針1，下針10，空針1，下針1，空針1，下針4，下針3，上針1
第5段	滑針1，下針3，上針20，（下針1，上針3）×3，下針1，上針20，下針3，上針1
第6段	滑針1，下針3，下針5，空針1，下針1，空針1，下針的加針12，空針1，下針1，空針1，下針1，（上針1，A3）×3，上針1，下針1，空針1，下針1，空針1，下針的加針12，空針1，下針1，空針1，下針5，下針3，上針1
第7段	滑針1，下針3，上針36，（下針1，上針3）×3，下針1，上針36，下針3，上針1
第8段	滑針1，下針3，下針6，空針1，下針1，空針1，（下針的加針1，下針1）×13，空針1，下針1，空針1，下針2，（上針1，下針3）×3，上針1，下針2，空針1，下針1，空針1，（下針的加針，下針1）×13，空針1，下針1，空針1，下針6，下針3，上針1
第9段	滑針1，下針3，上針53，（下針1，上針3）×3，下針1，上針53，下針3，上針1

183

第10段	滑針1，下針3，下針7，空針1，下針1，空針1，下針41，空針1，下針1，空針1，下針3，（上針1，A3）×3，上針1，下針3，空針1，下針1，空針1，下針41，空針1，下針1，空針1，下針7，下針3，上針1
第11段	滑針1，下針3，上針57，（下針1，上針3）×3，下針1，上針57，下針3，上針1
第12段	滑針1，下針3，下針8，空針1，下針1，空針1，下針43，空針1，下針1，空針1，下針4，（上針1，下針3）×3，上針1，下針4，空針1，下針1，空針1，下針43，空針1，下針1，空針1，下針8，下針3，上針1
第13段	滑針1，下針3，上針61，（下針1，上針3）×3，下針1，上針61，下針3，上針1
第14段	滑針1，下針3，下針9，空針1，下針1，空針1，上針45，空針1，下針1，空針1，下針5，（上針1，A3）×3，上針1，下針5，空針1，下針1，空針1，上針45，空針1，下針1，空針1，下針9，下針3，上針1
第15段	滑針1，下針3，上針65，（下針1，上針3）×3，下針1，上針65，下針3，上針1
第16段	滑針1，下針3，下針11，左上二併針23，下針1，下針7，（上針1，下針3）×3，上針1，下針7，下針1，左上二併針23，下針11，下針3，上針1
第17段	滑針1，下針3，上針11，下針套收24，上針6，（下針1，上針3）×3，下針1，上針7，下針套收24，上針10，下針3，上針1
	（掛在棒針上的針數：15－27－15）
第18段	滑針1，下針3，下針10，下針的一針交叉1，下針6，（上針1，A3）×3，上針1，下針6，下針的一針交叉1，下針10，下針3，上針1
第19段	滑針1，下針3，上針18，（下針1，上針3）×3，下針1，上針18，下針3，上針1
第20段	滑針1，下針3，下針18，（上針1，下針3）×3，上針1，下針18，下針3，上針1
第21段	滑針1，下針3，上針18，（下針1，上針3）×3，下針1，上針18，下針3，上針1

第22段	滑針1，下針3，下針18，（上針1，A3）×3，上針1，下針18，下針3，上針1
第23段	滑針1，下針3，上針18，（下針1，上針3）×3，下針1，上針18，下針3，上針1
第24～31段	反覆第20段至第23段兩次
第32段	滑針1，下針3，右加針1，下針18，（上針1，下針3）×3，上針1，下針18，左加針1，下針3，上針1
第33段	滑針1，下針3，上針19，（下針1，上針3）×3，下針1，上針19，下針3，上針1
第34段	滑針1，下針3，右加針1，下針19，（上針1，A3）×3，上針1，下針19，左加針1，下針3，上針1
第35段	滑針1，下針3，上針20，（下針1，上針3）×3，下針1，上針20，下針3，上針1
第36段	滑針1，下針3，右加針1，下針20，（上針1，下針3）×3，上針1，下針20，左加針1，下針3，上針1
第37段	滑針1，下針3，上針21，（下針1，上針3）×3，下針1，上針21，下針3，上針1
第38段	滑針1，下針3，右加針1，下針21，（上針1，A3）×3，上針1，下針21，左加針1，下針3，上針1
第39段	滑針1，下針3，上針21，（下針1，上針3）×3，下針1，上針21，下針3，上針1
第40段	滑針1，下針3，下針21，（上針1，下針3）×3，上針1，下針21，下針3，上針1
第41段	滑針1，下針3，上針21，（下針1，上針3）×3，下針1，上針21，下針3，上針1
第42～57段	反覆第38段至第41段四次（可依紋路調整長短）
第58段	滑針1，下針3，下針21，（上針1，A3）×3，上針1，下針21，下針3，上針1
第59段	滑針1，下針3，上針21，（下針1，上針3）×3，下針1，上針21，下針3，上針1
第60段	滑針1，（上針1，下針1）×30，上針2
第61段	滑針1，（下針1，上針1）×31
第62段	滑針1，（上針1，下針1）×30，上針2
第63段	依針目方向套收

優雅公主裝

Little
Princess

使用的線材	使用的針	配件	織片密度
安哥拉羊毛線3股	棒針2.5mm	四合扣或鈕扣	1cm×1cm
			下針‧3針×5段

上衣

這件上衣設計成兩面都能當作正面來穿。

由上往下織，在分袖階段就會完成兩側袖子的編織，再接續織到下襬。

起61針後開始編織。

觀看影片

第1段　　　　滑針1，下針3，（上針1，下針1）×26，上針1，下針3，上針1

第2段　　　　滑針1，下針3，（下針1，上針1）×26，下針1，下針3，上針1

第3段　　　　滑針1，下針3，（上針1，下針1）×26，上針1，下針3，上針1

接下來在奇數段遇到前一段的空針時，都在空針上扭針（扣眼除外）。

第4段　　　　滑針1，下針3，上針1，下針4，上針1，下針2，空針1，下針1，空針1，下針10，空針1，下針1，空針1，下針1，上針1，下針4，上針1，下針4，上針1，下針1，空針1，下針1，空針1，下針10，空針1，下針1，空針1，下針2，上針1，下針4，上針1，
下針1，空針1，左上二併針1，上針1（扣眼）

第5段　　　　滑針1，下針3，下針1，上針4，下針1，上針19，下針1，上針4，下針1，上針4，下針1，上針19，下針1，上針4，下針1，下針3，上針1

第6段　　　　滑針1，下針3，上針1，下針4，上針1，下針3，空針1，下針1，空針1，下針12，空針1，下針1，空針1，下針2，上針1，下針4，上針1，下針4，上針1，下針2，空針1，下針1，空針1，下針12，空針1，下針1，空針1，下針3，上針1，下針4，上針1，下針3，上針1

第7段	滑針1，下針3，下針1，上針4，下針1，上針23，下針1，上針4，下針1，上針4，下針1，上針23，下針1，上針4，下針1，下針3，上針1
第8段	滑針1，下針3，上針1，左上二針交叉1，上針1，下針4，空針1，下針1，空針1，下針14，空針1，下針1，空針1，下針3，上針1，右上二針交叉1，上針1，左上二針交叉1，上針1，下針3，空針1，下針1，空針1，下針14，空針1，下針1，空針1，下針4，上針1，左上二針交叉1，上針1，下針3，上針1
第9段	滑針1，下針3，下針1，上針4，下針1，上針27，下針1，上針4，下針1，上針4，下針1，上針27，下針1，上針4，下針1，下針3，上針1
第10段	滑針1，下針3，上針1，下針4，上針1，下針5，空針1，下針1，空針1，下針16，空針1，下針1，空針1，下針4，上針1，下針4，上針1，下針4，上針1，下針4，空針1，下針1，空針1，下針16，空針1，下針1，空針1，下針5，上針1，下針4，上針1，下針3，上針1
第11段	滑針1，下針3，下針1，上針4，下針1，上針31，下針1，上針4，下針1，上針4，下針1，上針31，下針1，上針4，下針1，下針3，上針1
第12段	滑針1，下針3，上針1，左上二針交叉1，上針1，下針6，空針1，下針1，空針1，下針18，空針1，下針1，空針1，下針5，上針1，右上二針交叉1，上針1，左上二針交叉1，上針1，下針5，空針1，下針1，空針1，下針18，空針1，下針1，空針1，下針6，上針1，左上二針交叉1，上針1，下針3，上針1
第13段	滑針1，下針3，下針1，上針4，下針1，上針35，下針1，上針4，下針1，上針4，下針1，上針35，下針1，上針4，下針1，下針3，上針1
第14段	滑針1，下針3，上針1，下針4，上針1，下針7，空針1，下針1，空針1，下針20，空針1，下針1，空針1，下針6，上針1，下針4，上針1，下針4，上針1，下針6，空針1，下針1，空針1，下針20，空針1，下針1，空針1，下針7，上針1，下針4，上針1，下針3，上針1

第15段	滑針1，下針3，下針1，上針4，下針1，上針39，下針1，上針4，下針1，上針4，下針1，上針39，下針1，上針4，下針1，下針3，上針1
第16段	滑針1，下針3，上針1，左上二針交叉1，上針1，下針8，空針1，下針1，空針1，下針22，空針1，下針1，空針1，下針7，上針1，右上二針交叉1，上針1，左上二針交叉1，上針1，下針7，空針1，下針1，空針1，下針22，空針1，下針1，空針1，下針8，上針1，左上二針交叉1，上針1，下針3，上針1
第17段	滑針1，下針3，下針1，上針4，下針1，上針43，下針1，上針4，下針1，上針4，下針1，上針43，下針1，上針4，下針1，下針3，上針1
第18段（袖攏）	滑針1，下針3，上針1，下針4，上針1，下針10

觀看影片

袖子每段織24目 — 建議用雙頭棒針會較順手

第1段	下針23，上針1
第2段	滑針1，上針23
第3段	滑針1，下針22，上針1
第4～27段	反覆第2段至第3段十二次
第28～32段	滑針1，（下針1，上針1）×11，上針1
第33段	依針目方向套收
	用鉤針整理袖口，並把長方形織片對摺後，由側邊連接整條袖子。

第18段（袖攏）下針9，上針1，下針4，上針1，下針4，上針1，下針9

另一側袖子反覆第1段至第33段

第18段（衣身）下針10，上針1，下針4，上針1，

下針1，空針1，左上二併針1，上針1（扣眼）

第19段　　　滑針1，下針3，下針1，上針4，下針1，上針9，一針交叉，上針8，下針1，上針4，下針1，上針4，下針1，上針8，一針交叉，上針9，下針1，上針4，下針1，下針3，上針1

第20段	滑針1，下針3，上針1，左上二針交叉1，上針1，下針19，上針1，右上二針交叉1，上針1，左上二針交叉1，上針1，下針19，上針1，左上二針交叉1，上針1，下針3，上針1
第21段	滑針1，下針3，下針1，上針4，下針1，上針19，下針1，上針4，下針1，上針4，下針1，上針19，下針1，上針4，下針1，下針3，上針1
第22段	滑針1，下針3，上針1，下針4，上針1，下針19，上針1，下針4，上針1，下針4，上針1，下針19，上針1，下針4，上針1，下針3，上針1
第23段	滑針1，下針3，下針1，上針4，下針1，上針19，下針1，上針4，下針1，上針4，下針1，上針19，下針1，上針4，下針1，下針3，上針1
第24段	滑針1，下針3，上針1，左上二針交叉1，上針1，下針19，上針1，右上二針交叉1，上針1，左上二針交叉1，上針1，下針19，上針1，左上二針交叉1，上針1，下針3，上針1
第25段	滑針1，下針3，下針1，上針4，下針1，上針19，下針1，上針4，下針1，上針4，下針1，上針19，下針1，上針4，下針1，下針3，上針1
第26段	滑針1，下針3，上針1，下針4，上針1，下針19，上針1，下針4，上針1，下針4，上針1，下針19，上針1，下針4，上針1，下針3，上針1
第27段	滑針1，下針3，下針1，上針4，下針1，上針19，下針1，上針4，下針1，上針4，下針1，上針19，下針1，上針4，下針1，下針3，上針1
第28段	滑針1，下針3，上針1，左上二針交叉1，上針1，下針19，上針1，右上二針交叉1，上針1，左上二針交叉1，上針1，下針19，上針1，左上二針交叉1，上針1，下針3，上針1
第29段	滑針1，下針3，下針1，上針4，下針1，上針19，下針1，上針4，下針1，上針4，下針1，上針19，下針1，上針4，下針1，下針3，上針1
第30段	滑針1，下針3，上針1，下針4，上針1，下針19，上針1，下針4，上針1，下針4，上針1，下針19，上針1，下針4，上針1，下針3，上針1

上衣長短可依據第20段至第23段的反覆次數來調整。

第31段	滑針1，下針3，（下針1，上針1）×30，下針1，下針3，上針1
第32段	滑針1，下針3，（上針1，下針1）×30，上針1， 下針1，空針1，左上二併針1，上針1（扣眼）
第33段	滑針1，下針3，（下針1，上針1）×30，下針1，下針3，上針1
第34段	滑針1，下針3，（上針1，下針1）×30，上針1，下針3，上針1
第35段	依針目方向套收

裙子

裙子是由下往上織。進入腰部百褶部分時，必須準備2支雙頭棒針輔助（小一號的針會比較順手），以進行A1的編織。

A1：3，3，3（編織方法請參照187頁影片，從20：20開始觀看）

起140針後開始編織。

第1～3段	滑針1，下針3，下針132，下針3，上針1
第4段	滑針1，下針3，下針1，空針1，左上二併針1，下針132， 下針1，空針1，左上二併針1，上針1（扣眼）
第5段	滑針1，下針3，上針132，下針3，上針1
第6段	滑針1，下針3，下針132，下針3，上針1
第7段	滑針1，下針3，上針132，下針3，上針1
第8～23段	反覆第6段至第7段（可藉由反覆次數來調整長短）
第24段	滑針1，下針3，下針2，（A1，下針2）×11，A1，下針3，上針1
第25段	滑針1，下針3，上針60，下針3，上針1
第26段	滑針1，下針1，空針1，左上二併針1，（下針4，左上二併針1）×10， 下針1，空針1，左上二併針1，上針1（扣眼）
第27段	滑針1，下針3，上針50，下針3，上針1
第28～29段	滑針1，下針3，（下針1，上針1）×25，下針3，上針1
第30段	依針目方向套收

PART 3

Park Sujin

朴壽真作品

開始編織前須知

基本針法

觀看影片

1. 編完鎖針作為基礎針目後，我通常會將針穿入鎖針半目來開始。

2. 織短針段時會先鉤1目鎖針，再由第2個鎖針入針鉤短針。這一目鎖針是起立針，不算在針數裡。（起立針＋1目短針＝1目短針）

   往返編織時先鉤起立針，之後每鉤完一段就翻面；環狀編織時用引拔針連接第1個短針。（參考影片04：31）

3. 織中長針段時會先鉤2目鎖針，再由第4個鎖針入針鉤中長針。

   （起立針＋1目中長針＝2目中長針）

   環狀編織時用引拔針連接第2個鎖針上的半目和裡山。（參考影片08：15）

4. 織長針段時會先鉤3目鎖針，再由第5個鎖針入針鉤長針。

   （起立針＋1目長針＝2目長針）

   環狀編織時用引拔針連接第3個鎖針上的半目和裡山。（參考影片11：04）

   ＊在此章節的敘述式織圖中，每段一開始皆會標示鎖針起立針。（若是短針段，不算入總針數；若是中長針、長針段，則算入總針數）

5. 遇到要換顏色或者接線時，先將最後一目的線環拉大、抽掉針，接著在針上用新的線做一個線環後，穿入針目中用引拔針連接。（參考影片13：20）

6. 當要做出花樣紋路時，有時會在鎖針的後（內）半目上挑針，這時紋路會出現在織物前面；若是在鎖針的前（外）半目上挑針，紋路則會出現在織物後面。

7. 環狀編織收尾的方式，是先拉大最後一目的線環後剪線，再把線穿進毛線縫針裡，從第一目的頭部入針、由最後一目的頭部出針，形成完整的1目鎖針。（參考影片16：18）

8. 編織小熊等玩偶時，在填充棉花後會以束口編收緊開口。其作法為，剪線後把線穿進毛線縫針裡，把針由前往後，穿過最後一段針目的所有前半目，最後拉線、收緊開口即完成。（參考影片19：40）

9. 將完成的衣服穿在娃娃身上時，通常需要在適當的位置裝上鈕扣（四合扣），這時使用預留的線或縫線來縫合即可。

花樣編

觀看影片

 2荷葉編 在一目內鉤〔長針1、鎖針2、長針1、鎖針2、長針1〕
（參考影片00：40）

 3荷葉編 在一目內鉤〔長針1、鎖針3、長針1、鎖針3、長針1〕
（參考影片01：16）

 1松葉編 在一目內鉤〔長針1、鎖針1、長針1〕（參考影片02：48）

 2松葉編 於鎖針空間鉤〔長針2、鎖針1、長針2〕（參考影片03：59）

 3鎖針凸編 鉤3目鎖針後，將針穿入起初針目的前半目及一條針
腳後進行引拔。又稱「結粒針」。（參考影片05：09）

照片示範用
娃娃

BJD六分娃是以人六分之一的比例製造而成的玩偶，其種類繁多，像是：
麗佳娃娃、布萊絲、Obitsu、KukuClara、Mimi、Secret Jouju、egoo、
gugu、moni等等，這些各國限量製作的玩偶，都因具有高級品質的形象而
受歡迎。本章節示範使用的玩偶身高為21cm，大部分六分娃都與此織圖
相容，甚至30cm左右的玩偶也能在稍微調整針線大小後套用。

短裙 & 圍裙
Skirt & Apron

短裙
Skirt

Preparation

使用的線材	使用的針	配件	織片密度
Oullim混紡羊毛線	蕾絲鉤針2號	鈕扣或珠子	1cm×1cm
＊由韓國品牌Nakyang製造，成分：美麗諾羊毛60％＋壓克力纖維40％	（1.50mm）		長針・4針×2段

編30個鎖針起針，以往返編織開始。

第1段　　鎖針5，於第6個鎖針開始鉤短針30　（共30個針目）

第2段　　鎖針1，短針30　（共30個針目）

第3段　　鎖針3，於第1目鉤長針1，（長針3，長針加針1）×2，長針12，長針加針1，（長針3，長針加針1）×2（共36個針目）

第4段　　鎖針3，於第1目鉤長針1，（長針4，長針加針1）×2，長針14，長針加針1，（長針4，長針加針1）×2（共42個針目）

第5段　　鎖針3，長針41　（共42個針目）
織物不翻面，於第3個鎖針鉤引拔針，變成環狀編織

第6段　　鎖針3，長針41，引拔針1　（共42個針目）

第7段　　鎖針1，短針1，（鎖針3，滑針2，短針1）×13，鎖針3，引拔針1　（共56個針目）

第8段　　鎖針5，於第1個鎖針空間鉤短針1，
｛於下一個鎖針空間鉤（鎖針2，長針3），
於下一個鎖針空間鉤（鎖針2，短針1）｝×6，
於下一個鎖針空間鉤（鎖針2，長針2），
於第3個鎖針鉤引拔針1　（共56個針目）

第9段　　鎖針1，於第1個鎖針空間鉤短針1，
｛於下一個鎖針空間鉤（鎖針3，短針1）｝×13，
鎖針3，引拔針1　（共56個針目）

第10段　　　鎖針5，於第1個鎖針空間鉤短針1，
　　　　　　{於下一個鎖針空間鉤（鎖針2，長針3），
　　　　　　於下一個鎖針空間鉤（鎖針2，短針1）}×6，
　　　　　　於下一個鎖針空間鉤（鎖針2，長針2），
　　　　　　於第3個鎖針鉤引拔針1　　（共56個針目）
　　　　　　預留20cm的線，剪線後用毛線縫針整理收尾。

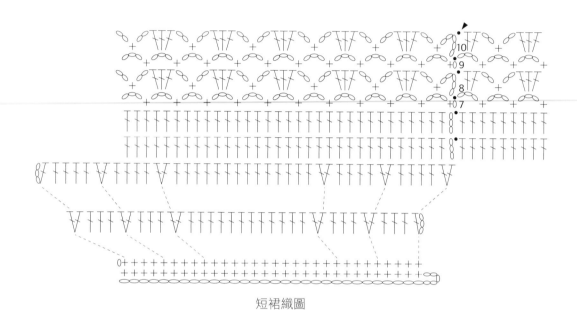

短裙織圖

圍裙
Apron

Preparation

使用的線材	使用的針	配件	織片密度
Oullim混紡羊毛線	蕾絲鉤針2號 （1.50mm）	—	1cm×1cm 長針・4針×2段

裙子
～右邊繩

編5個鎖針起針（包含起立針），以往返編織開始。

第1段　於第5個鎖針鉤長針6，
不翻面，於下一個基礎鎖針鉤長針1，做成半月形織片

第2段　鎖針3，長針加針6，長針1　（共14個針目）

第3段　鎖針3，（長針1，長針加針1）×6，長針1
（共20個針目）

第4段　鎖針3，長針1，（長針加針1，長針2）×6
（共26個針目）

第5段　鎖針3，於後半目鉤（長針1，2荷葉編1）直到剩3目為止，
鉤長針3

右邊繩　不翻面，鎖針1，（於長針的針腳下方鉤短針2）×10－於第
1目短針套段數記號扣，再鉤緊密的40目鎖針，把線剪短後
收尾。

左邊繩

鉤40目鎖針後，用引拔針連接套段數記號扣的針目，並拔除段數記號扣。

第1段　從第2個針目起，於後半目鉤短針18，引拔針1
預留20cm的線，剪線後用毛線縫針整理收尾。

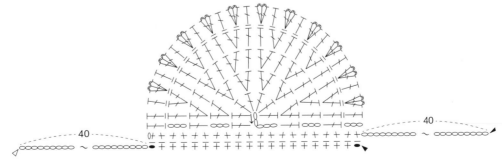

圍裙織圖

無袖連身裙

Sleeveless
Dress

使用的線材	使用的針	配件	織片密度
Oullim混紡羊毛線	蕾絲鉤針2號 （1.50mm）	四合扣	1cm×1cm 短針・5針×6段

連身裙

用主色線編48個鎖針起針，以往返編織開始。

第1段　　　鎖針1，短針48　（共48個針目）

第2段　　　鎖針1，於前半目鉤（短針17，短針加針1，短針15，短針加針1，短針14）　（共50個針目）

第3段　　　鎖針1，短針6，鎖針5，滑針9，短針17，鎖針5，滑針9，短針9　（共42個針目）

第4段　　　鎖針1，短針14，長針2，短針13，長針2，短針11（共42個針目）

第5段　　　鎖針1，短針13，短針減針2，短針5，短針減針2，短針16（共38個針目）

第6段　　　鎖針1，短針38　（共38個針目）

第7段　　　鎖針1，短針8，滑針1，短針17，滑針1，短針11（共36個針目）

第8段　　　鎖針1，短針36－於第8目套段數記號扣　（共36個針目）

第9段　　　鎖針1，短針28－於第6目套段數記號扣，

（鎖針1，**翻面**，短針22）×2，

於套著段數記號扣的針目鉤短針1、拔除段數記號扣，短針7（共36個針目）

第10段　　鎖針1，短針30，於套著段數記號扣的針目鉤短針1、拔除段數記號扣，短針5　（共36個針目）

第11段　　鎖針1，短針8，滑針1，短針15，滑針1，短針11（共34個針目）

第12段　　鎖針1，短針34　（共34個針目）

第13段　　鎖針3，（1松葉編1，長針1）×15，滑針1，長針2（共63個針目）

第14段　　鎖針3，長針2，（2松葉編1，滑針1，長針1）×15（共93個針目）

第15段	鎖針3－於第3個鎖針套段數記號扣，（2松葉編1，滑針2，長針1）×15－於最後一目套段數記號扣，長針2
	織物不翻面，於第1個鎖針空間鉤引拔針1，變成環狀編織
第16段	鎖針4，於第1個鎖針空間鉤長針2，滑針2，長針1，（2松葉編1，滑針2，長針1）×13，2松葉編1，疊在左邊織物上、將套著段數記號扣的上下針目重疊在一起鉤長針1、拔除段數記號扣，於第1個鎖針空間鉤長針1，於第3目鎖針鉤引拔針1　（共90個針目）
第17段	鎖針4，於第1個鎖針空間鉤長針2，滑針2，長針1，（2松葉編1，滑針2，長針1）×14，於第1個鎖針空間鉤長針1，於第3目鎖針上鉤引拔針1　（共90個針目）
第18段	鎖針4，於第1個鎖針空間鉤長針2，滑針2，長針加針1，（2松葉編1，滑針2，長針加針1）×14，於第1個鎖針空間鉤長針1，於第3目鎖針鉤引拔針1　（共105個針目）
第19段	鎖針3，於第1個鎖針空間鉤長針1，反覆鉤（長針6，於鎖針空間鉤長針1）直到剩5目為止，長針5，引拔針1（共105個針目）
第20段	鎖針3，於後半目鉤長針到底　（共105個針目）
	預留20cm的線，剪線後用毛線縫針整理收尾。

頸部 荷葉邊裝飾	看著連身裙正面，把頸部朝下擺放。
	用配色線在針上做線環後，用引拔針連接沒有掛線那一側的針目。
第1段	鎖針3，於後半目反覆鉤（長針1，2荷葉編1）直到剩3目為止，長針3，鎖針3，於最後一目鉤引拔針1
	看著連身裙正面，把頸部朝上擺放，為了不讓荷葉邊翹起來，在荷葉邊上方於後半目鬆鬆地鉤47目引拔針。
	預留20cm的線，剪線後用毛線縫針整理收尾。

連身裙的花樣織圖
（第12-18段）

荷葉領連身裙

Color Dress

Preparation

使用的線材	使用的針	配件	織片密度
Oullim混紡羊毛線	蕾絲鉤針2號 （1.50mm）	四合扣、珠子	1cm×1cm 長針・4針×2段

連身裙

編32個鎖針起針，以往返編織開始。

第1段　　鎖針3，長針3，長針加針2，長針3，長針加針2，長針8，長針加針2，長針3，長針加針2，長針6　（共40個針目）

第2段　　鎖針3，長針6，長針加針2，長針5，長針加針2，長針10，長針加針2，長針5，長針加針2，長針5－於最後一目套段數記號扣　（共48個針目）

第3段　　鎖針3，於後半目鉤（長針5，長針加針2，長針7，長針加針2，長針12，長針加針2，長針7，長針加針2，長針8）（共56個針目）

第4段　　鎖針1，短針10，鎖針4，滑針11，長針16，鎖針4，滑針11，短針8　（共42個針目）

第5段　　鎖針3，長針41　（共42個針目）

第6段　　鎖針3，長針11，長針加針1，長針18，長針加針1，長針10（共44個針目）

第7段　　鎖針3，長針9，長針加針1，長針20，長針加針1，長針12（共46個針目）

第8段　　鎖針3，長針12，長針加針1，長針20，長針加針1，長針11（共48個針目）

第9段　　鎖針3，長針10，長針加針1，長針22，長針加針1，長針13（共50個針目）

　　　　　織物不翻面，於長針鉤引拔針1，變成環狀編織

第10段　　鎖針3，疊在左邊織物上、上下針目重疊在一起鉤長針3，長針11，長針加針1，長針22，長針加針1，長針8，引拔針1（共49個針目）

第11段	鎖針3，**翻面**，長針8，長針加針1，長針24，長針加針1，長針14，引拔針1　（共51個針目）
第12段	鎖針3，**翻面**，長針15，長針加針1，長針24，長針加針1，長針9，引拔針1　（共53個針目）
第13段	鎖針3，**翻面**，長針9，長針加針1，長針26，長針加針1，長針15，引拔針1　（共55個針目）
第14段	鎖針2，中長針1，鎖針1，（中長針5，鎖針1）×10，中長針3，引拔針1　（共66個針目）

預留20cm的線，剪線後用毛線縫針整理收尾。

領口

看著連身裙正面，把頸部朝上擺放。

在針上做線環後，用引拔針連接有掛線那一側的基礎鎖針。

第1段	鎖針1，短針32　（共32個針目）
第2段	鎖針1，於後半目鉤（引拔針1，短針1，中長針1，長針1，長針加針2，長針3，長針加針3，中長針1，短針1，引拔針1，短針1，中長針1，長針加針3，長針3，長針加針2，長針1，中長針1，短針1，引拔針4）　（共43個針目）

鎖針1，翻面，於後半目鉤32目引拔針，避免褶邊翹起來。

預留20cm的線，剪線後用毛線縫針整理收尾。

胸前荷葉邊

看著連身裙正面，把頸部朝下擺放。

在針上做線環後，用引拔針連接衣身第2段套段數記號扣的針目，並拔除段數記號扣。

第1段	鎖針3，於後半目反覆鉤（長針1，2荷葉編1）直到剩3目為止，長針3

預留20cm的線，剪線後用毛線縫針整理收尾。

帽子

Hat

使用的線材	使用的針	配件	織片密度
天然棉線	毛線鉤針2號 （2mm）	蝴蝶結	1cm×1cm 短針‧4針×3段

把線在手上繞圈，以輪狀起針（環狀編織）開始。

第1段　　　　鎖針1，於環圈中鉤短針8，引拔針1　（共8個針目）

第2段　　　　鎖針1，短針加針8，引拔針1　（共16個針目）

第3段　　　　鎖針1，（短針1，短針加針1）×8，引拔針1
　　　　　　　（共24個針目）

第4段　　　　鎖針1，（短針2，短針加針1）×8，引拔針1
　　　　　　　（共32個針目）

第5段　　　　鎖針1，（短針3，短針加針1）×8，引拔針1
　　　　　　　（共40個針目）

第6段　　　　鎖針1，短針40，引拔針1　（共40個針目）

第7段　　　　鎖針1，於後半目鉤短針40，引拔針1　（共40個針目）

第8～11段　　鎖針1，短針40，引拔針1　（共40個針目）

第12段　　　　鎖針1，於前半目鉤（短針3，短針加針1）×10，引拔針1
　　　　　　　（共50個針目）

第13段　　　　鎖針1，（短針4，短針加針1）×10，引拔針1
　　　　　　　（共60個針目）

第14段　　　　鎖針1，短針60，引拔針1　（共60個針目）
　　　　　　　預留20cm的線，剪線後用毛線縫針整理收尾。

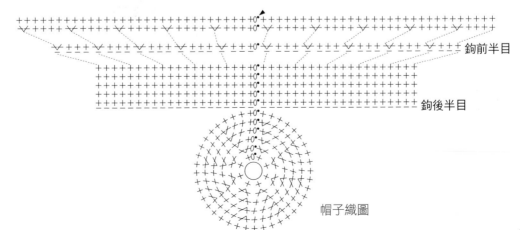

鉤前半目

鉤後半目

帽子織圖

使用的線材	使用的針	配件	織片密度
Oullim混紡羊毛線	蕾絲鉤針2號 （1.50mm）	彈力線	1cm×1cm 短針・5針×6段

首先使用彈力線，鬆鬆地鉤32個鎖針後，在第1個鎖針上做引拔針，但要小心別讓鎖針扭轉，以環狀編織開始。

第1段　　　鎖針1，短針32，引拔針1　　（共32個針目）

　　　　　　剪斷彈力線，用Oullim線在針上做線環後，使用引拔針連接針目。

第2段　　　鎖針3，於後半目鉤｛長針2，長針加針1，（長針3，長針加針1）×7｝，引拔針1　　（共40個針目）

第3段　　　鎖針3，長針3，長針加針1，（長針4，長針加針1）×7，引拔針1　　（共48個針目）

第4段　　　鎖針3，長針2，長針加針1，（長針3，長針加針1）×11，引拔針1　　（共60個針目）

第5段　　　鎖針3，長針3，長針加針1，（長針4，長針加針1）×11，引拔針1　　（共72個針目）

第6段　　　鎖針3，長針4，長針加針1，（長針5，長針加針1）×11，引拔針1　　（共84個針目）

第7段　　　鎖針3，長針5，長針加針1，（長針6，長針加針1）×11，引拔針1　　（共96個針目）

第8段　　　鎖針3，長針95，引拔針1　　（共96個針目）

第9段　　　鎖針3，於後半目鉤長針95，引拔針1　　（共96個針目）

第10段　　　鎖針3，反覆鉤（3荷葉編1，長針1）直到剩1目為止，3荷葉編1，引拔針1

　　　　　　預留20cm的線，剪線後用毛線縫針整理收尾。

兩件式泳衣

Swimsuit

罩杯式泳衣
Bra Top

Preparation

使用的線材	使用的針	配件	織片密度
Oullim混紡羊毛線	蕾絲鉤針2號 （1.50mm）	彈力線	1cm×1cm 短針・5針×6段

衣身下擺

首先使用彈力線，鬆鬆地鉤32個鎖針後，在第1個鎖針上做引拔針，但要小心別讓鎖針扭轉，以環狀編織開始。

第1段　　鎖針1，短針32，引拔針1　（共32個針目）

剪斷彈力線，用Oullim線在針上做線環後，使用引拔針連接針目。

第2段　　鎖針3，於後半目鉤長針31，引拔針1　（共32個針目）

第3段　　鎖針3，於後半目鉤｛長針6，長針加針1，（長針7，長針加針1）×3｝，引拔針1　（共36個針目）

第4段　　鎖針3，反覆鉤（3荷葉編1，長針1）直到剩1目為止，3荷葉編1，引拔針1

預留20cm的線，剪線後用毛線縫針整理收尾。

右胸罩

於彈力線鎖針的半目套第1個段數記號扣，滑過8目，於第9目的半目套第2個段數記號扣。

用Oullim線在針上做線環，並用引拔針連接套著第2個段數記號扣的針目後，拔除段數記號扣。

第1段　　鎖針1，短針12－於第1目套段數記號扣　（共12個針目）

第2段　　鎖針1，翻面，滑針1，短針8，於前半目鉤短針2
（共10個針目）

第3段　　鎖針1，翻面，滑針1，短針9　（共9個針目）

第4段　　鎖針1，翻面，滑針1，短針8　（共8個針目）

第5段　　鎖針1，翻面，滑針1，短針1，短針減針3　（共4個針目）

第6段　　鎖針1，翻面，滑針1，短針3　（共3個針目）

第7段　　鎖針1，翻面，滑針1，短針減針1，緊緊地鉤鎖針40

把線剪短後，用毛線縫針整理收尾。

左胸罩	用Oullim線在針上做線環後，用引拔針連接彈力線上套段數記號扣的針目，並拔除段數記號扣。

第1段　　鎖針1，短針9，於右胸罩套段數記號扣的針目鉤短針1、拔除段數記號扣，於後半目鉤（短針1，引拔針1）（共12個針目）

第2段　　鎖針1，翻面，滑針1，短針10　（共10個針目）

第3段　　鎖針1，翻面，滑針1，短針9　（共9個針目）

第4段　　鎖針1，翻面，滑針1，短針8　（共8個針目）

第5段　　鎖針1，翻面，滑針1，短針減針3，短針1　（共4個針目）

第6段　　鎖針1，翻面，滑針1，短針3　（共3個針目）

第7段　　鎖針1，翻面，滑針1，短針減針1，緊緊地鉤鎖針40

把線剪短後，用毛線縫針整理收尾。

荷葉邊裝飾　　看著上衣正面，把胸部朝下擺放。

用Oullim線在針上做線環，並用引拔針連接衣身的針目。

第1段　　鎖針3，於後半目｛反覆鉤（3荷葉編1，長針1）直到剩1目為止，3荷葉編1｝，引拔針1

預留20cm的線，剪線後用毛線縫針整理收尾。

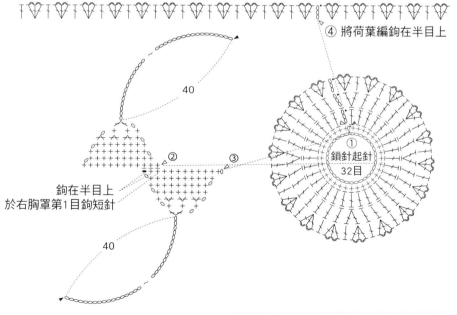

④ 將荷葉編鉤在半目上

40

② ③

鉤在半目上
於右胸罩第1目鉤短針

40

① 鎖針起針 32目

罩杯式泳衣織圖

泳褲
Underpants

Preparation

使用的線材	使用的針	配件	織片密度
Oullim混紡羊毛線	蕾絲鉤針2號 （1.50mm）	彈力線	1cm×1cm 短針・5針×6段

首先使用彈力線，鬆鬆地鉤30個鎖針後，在第1個鎖針上做引拔針，但要小心別讓鎖針扭轉，以環狀編織開始。

第1段　　　　鎖針1，短針30，引拔針1　（共30個針目）
　　　　　　　剪斷彈力線，用Oullim線在針上做線環後，使用引拔針連接針目。
第2段　　　　鎖針1，於後半目鉤短針30，引拔針1　（共30個針目）
第3段　　　　鎖針1，短針16　（共16個針目），做成半月形織片
第4段　　　　鎖針1，翻面，滑針1，短針15　（共15個針目）
第5段　　　　鎖針1，翻面，滑針1，短針14　（共14個針目）
第6段　　　　鎖針1，翻面，滑針1，短針13　（共13個針目）
第7段　　　　鎖針1，翻面，滑針1，短針12　（共12個針目）
第8段　　　　鎖針1，翻面，滑針1，短針11　（共11個針目）
第9段　　　　鎖針1，翻面，滑針1，短針10　（共10個針目）
第10段　　　　鎖針1，翻面，滑針1，短針9　（共9個針目）
第11段　　　　鎖針1，翻面，滑針1，短針8　（共8個針目）
第12段　　　　鎖針1，翻面，滑針1，短針7　（共7個針目）
第13段　　　　鎖針1，翻面，滑針1，短針6　（共6個針目）
第14～20段　鎖針1，翻面，短針6　（共6個針目）
第21段　　　　鎖針1，翻面，短針4，短針加針1，短針1　（共7個針目）
第22段　　　　鎖針1，翻面，短針5，短針加針1，短針1　（共8個針目）
第23段　　　　鎖針1，翻面，短針6，短針加針1，短針1　（共9個針目）
第24段　　　　鎖針1，翻面，短針7，短針加針1，短針1　（共10個針目）
第25段　　　　鎖針1，翻面，短針1，短針加針1，短針6，短針加針1，短針1　（共12個針目）

預留30cm的線並剪斷，把線穿進毛線縫針裡。

看著織物正面，把腰部擺在右邊。

將第25段與第2段（兩邊都各留1目）在12目上縫捲針縫，使其連接在一起

（為了不讓兩邊末端針目被拉大，需特別縫兩次）。

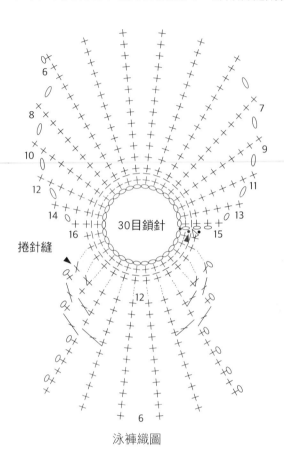

泳褲織圖

荷葉邊上衣
Frill Top

Preparation

使用的線材	使用的針	配件	織片密度
Oullim混紡羊毛線	蕾絲鉤針2號 （1.50mm）	四合扣	1cm×1cm 長針·4針×2段

衣身

用配色線，編28個鎖針起針，以往返編織開始。

第1段　鎖針3，長針1，長針加針1，（長針2，長針加針1）×7，長針4　（共36個針目）

第2段　鎖針3，長針4，長針加針1，（長針3，長針加針1）×7，長針2　（共44個針目）

第3段　鎖針3，長針2，長針加針1，（長針4，長針加針1）×7，長針5－於第1、8、33目套段數記號扣　（共52個針目）

預留20cm的線，剪線後用毛線縫針整理收尾。

看著織物正面，把頸部朝下擺放。
用主色線在針上做線環，並用引拔針連接套第1個段數記號扣的針目。

第4段　鎖針1，於後半目鉤（短針3，中長針1，長針2，長針加針1，鎖針3－於第3個鎖針套段數記號扣，滑針9，長針8，長針加針1，長針8，鎖針3－於第3個鎖針套段數記號扣，滑針9，長針加針1，長針2，中長針1，短針6）
（共43個針目）

第5段　鎖針1，短針1，（鎖針3，滑針2，短針1）×14
（共57個針目）

第6段　鎖針3，於第1個鎖針空間鉤長針3，
於下一個鎖針空間鉤（鎖針2，短針1），
｛於下一個鎖針空間鉤（鎖針2，長針3），
於下一個鎖針空間鉤（鎖針2，短針1）｝×6，
於最後一目鉤（鎖針2，長針1）　（共58個針目）

第7段　鎖針1，於第1目鉤短針1，於第2個鎖針空間鉤（鎖針3，短針1），於下一個鎖針空間鉤（鎖針3，短針1）×12，於最後一目鉤（鎖針3，短針1）　（共57個針目）

第8段	鎖針3，於第1個鎖針空間鉤長針3，
	｛於下一個鎖針空間鉤（鎖針2，短針1，鎖針2，短針1）， 於下一個鎖針空間鉤（鎖針2，長針3）｝×6，
	於下一個鎖針空間鉤（鎖針2，短針1），
	於最後一目鉤（鎖針2，長針1）　（共76個針目）
第9段	鎖針3，於第1個鎖針空間鉤短針1，於下一個鎖針空間鉤 （鎖針3，短針1），於第2目長針鉤（鎖針3，短針1）， ｛於下一個鎖針空間鉤（鎖針3，短針1）×3， 於第2目長針鉤（鎖針3，短針1）｝×6， 於最後一目鉤（鎖針3，引拔針1）　（共108個針目） 預留20cm的線，剪線後用毛線縫針整理收尾。

袖子

看著織物正面，把頸部朝上擺放。用主色線在針上做線環後，用引拔針連接袖子下方套段數記號扣的鎖針，並拔除段數記號扣。

第1段	鎖針1，短針1，鎖針3，滑針1，短針1，於套著段數記號扣 針目的後半目鉤（鎖針3，短針1）、拔除段數記號扣，於後 半目鉤（鎖針3，滑針2，短針1）×3，鎖針3 於第1目鉤引拔針1，做成環狀編織　（共24個針目）
第2段	鎖針5，於第1個鎖針空間鉤短針1， ｛於下一個鎖針空間鉤（鎖針2，長針3）， 於下一個鎖針空間鉤（鎖針2，短針1）｝×2， 於下一個鎖針空間鉤（鎖針2，長針2）， 於第3個鎖針鉤引拔針1　（共24個針目）
第3段	鎖針1，於第1個鎖針空間鉤短針1， ｛於下一個鎖針空間鉤（鎖針3，短針1）｝×5， 鎖針3，引拔針1　（共24個針目）
第4～5段	重複第2段至第3段　（共24個針目）－可依據想要的袖子長度調整次數
第6段	鎖針5，於第1個鎖針空間鉤短針1， ｛於下一個鎖針空間鉤（鎖針2，長針3），於下一個鎖針空間鉤（鎖針2，短針1，鎖針3，短針1）｝×2， 於下一個鎖針空間鉤（鎖針2，長針2）， 於第3個鎖針鉤引拔針1　（共32個針目）

第7段	鎖針1，於第1個鎖針空間鉤短針1，
	｛於下一個鎖針空間鉤（鎖針3，短針1）｝×7，
	鎖針3，引拔針1 （共32個針目）
第8段	鎖針5，於第1個鎖針空間鉤（短針1，鎖針3，短針1），
	｛於下一個鎖針空間鉤（鎖針2，長針3），
	於下一個鎖針空間鉤（鎖針2，短針1），
	於下一個鎖針空間鉤（鎖針3，短針1）｝×2，
	於下一個鎖針空間鉤（鎖針2，長針2），
	於第3個鎖針鉤引拔針1 （共36個針目）
第9段	鎖針1，於第1個鎖針空間鉤短針1，
	｛於下一個鎖針空間鉤（鎖針3，短針1）｝×8，
	鎖針3，引拔針1 （共36個針目）
第10段	鎖針5，於第1個鎖針空間鉤短針1，
	於下一個鎖針空間鉤（鎖針3，短針1），
	｛於下一個鎖針空間鉤（鎖針2，長針3），
	於下一個鎖針空間鉤（鎖針2，短針1），
	於下一個鎖針空間鉤（鎖針3，短針1）｝×2，
	於下一個鎖針空間鉤（鎖針2，長針2），
	於第3個鎖針鉤引拔針1 （共36個針目）
第11段	鎖針1，於第1個鎖針空間鉤短針1，
	｛於下一個鎖針空間鉤（鎖針2，短針1）｝×8，
	鎖針2，引拔針1 （共28個針目）
第12段	鎖針1，（於鎖針空間鉤短針2）×9，引拔針1
	（共18個針目）
第13段	鎖針1，短針18，引拔針1 （共18個針目）
	預留20cm的線，剪線後用毛線縫針整理收尾。

荷葉邊裝飾
（依喜好選擇）

領口裝飾

看著上衣正面，把頸部朝上擺放。

用主色線在針上做線環，並用引拔針連接有掛線那一側的基礎鎖針。

第1段	鎖針1，短針1，（鎖針2，滑針2，短針1）×9
	（共28個針目）

第2段	鎖針1，短針1，（於鎖針空間鉤短針2）×9，短針1
	（共20個針目）
	預留20cm的線，剪線後用毛線縫針整理收尾。

頸部荷葉邊裝飾

看著上衣正面，把頸部朝上擺放。

用配色線在針上做線環，並用引拔針連接有掛線那一側的基礎鎖針。

第1段	鎖針1，短針1，（鎖針2，滑針2，短針1）×9
	（共28個針目）
第2段	鎖針1，短針1，（於鎖針空間鉤短針2）×9，短針1
	（共20個針目）
第3段	鎖針3，（長針1，2荷葉編1）×9，長針1
	預留20cm的線，剪線後用毛線縫針整理收尾。

胸部荷葉邊裝飾

看著上衣正面，把頸部朝上擺放。用配色線在針上做線環後，用引拔針連接套段數記號扣的針目，並拔除段數記號扣。

第1段	鎖針3，於後半目｛反覆鉤（長針1，2荷葉編1）直到剩3目
	為止，長針3｝
	預留20cm的線，剪線後用毛線縫針整理收尾。

袖口荷葉邊裝飾

看著上衣正面，用配色線在針上做線環，並用引拔針連接針目。

第1段	鎖針3，於後半目鉤｛（2荷葉編1，長針1）×8，2荷葉編
	1｝，引拔針1
	預留20cm的線，剪線後用毛線縫針整理收尾。

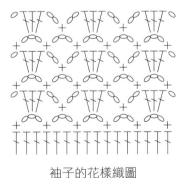

袖子的花樣織圖

褲子
Pants

Preparation

使用的線材	使用的針	配件	織片密度
Oullim混紡羊毛線	蕾絲鉤針2號 （1.50mm）	鈕扣或珠子	1cm×1cm 長針‧4針×2段

腰臀部		編30個鎖針起針，以往返編織開始。
～右褲管	第1段	鎖針5，從第6個鎖針開始鉤短針30　（共30個針目）
	第2段	鎖針1，短針30　（共30個針目）
	第3段	鎖針3，於第1目鉤長針1，（長針3，長針加針1）×2，長針12，長針加針1，（長針3，長針加針1）×2（共36個針目）
	第4段	鎖針3，於第1目鉤長針1，（長針4，長針加針1）×2，長針14，長針加針1，（長針4，長針加針1）×2（共42個針目）
	第5段	鎖針3，於第1目鉤長針1，長針40，長針加針1（共44個針目）織物不翻面，於第3個鎖針鉤引拔針1，變成環狀編織
	第6段（分腿）	鎖針3，長針43，引拔針1－於第23、39目套段數記號扣（共44個針目）
	第7段（右褲管）	鎖針3，長針5，中長針1，短針1，（鎖針3，滑針2，短針1）×4，中長針1，長針1，鎖針3－於最後一個鎖針套段數記號扣，滑針22，於第3個鎖針鉤引拔針1，做成**小環編**（共29個針目）
	第8段	鎖針5，滑針1，短針1，鎖針2，滑針2，長針3，{於下一個鎖針空間鉤（鎖針2，短針1），於下一個鎖針空間鉤（鎖針2，長針3）}×2，鎖針2，滑針1，短針1，鎖針2，滑針1，於基礎鎖針鉤（長針1，長針減針1），於第3個鎖針鉤引拔針1（共32個針目）

第9段	鎖針1，於第1個鎖針空間鉤短針1，
	｛於下一個鎖針空間鉤（鎖針3，短針1）｝×7，
	鎖針3，引拔針1　（共32個針目）
第10段	鎖針5，於第1個鎖針空間鉤短針1，
	｛於下一個鎖針空間鉤（鎖針2，長針3），
	於下一個鎖針空間鉤（鎖針2，短針1）｝×3，
	於下一個鎖針空間鉤（鎖針2，長針2），
	於第3個鎖針鉤引拔針1　（共32個針目）
第11～18段	反覆第9段至第10段四次　（共32個針目）
第19段	鎖針1，於第1個鎖針空間鉤短針1，
	｛於下一個鎖針空間鉤（鎖針3，短針1）｝×7，
	鎖針3，引拔針1　（共32個針目）
第20段	鎖針5，於第1個鎖針空間鉤短針1，
	於下一個鎖針空間鉤（鎖針2，長針3），
	於下一個鎖針空間鉤（鎖針2，短針1），
	於下一個鎖針空間鉤（鎖針2，長針3），
	於下一個鎖針空間鉤（鎖針2，短針1，鎖針3，短針1），
	於下一個鎖針空間鉤（鎖針2，長針3），
	於下一個鎖針空間鉤（鎖針2，短針1），
	於下一個鎖針空間鉤（鎖針2，長針2），
	於第3個鎖針鉤引拔針1　（共36個針目）
第21段	鎖針1，於第1個鎖針空間鉤短針1，
	｛於下一個鎖針空間鉤（鎖針3，短針1）｝×8，
	鎖針3，引拔針1　（共36個針目）
第22段	鎖針5，於第1個鎖針空間鉤短針1，
	｛於下一個鎖針空間鉤（鎖針2，長針3），
	於下一個鎖針空間鉤（鎖針2，短針1）｝×2，
	於下一個鎖針空間鉤（鎖針3，短針1），
	於下一個鎖針空間鉤（鎖針2，長針3），
	於下一個鎖針空間鉤（鎖針2，短針1），
	於下一個鎖針空間鉤（鎖針2，長針2），
	於第3個鎖針鉤引拔針1　（共36個針目）
第23～28段	反覆第21段至第22段三次　（共36個針目）
	預留20cm的線，剪線後用毛線縫針整理收尾。

左褲管

看著織物正面，把腰部朝下擺放。

在針上做線環，用引拔針連接褲子第6段上套段數記號扣的針目，並拔除段數記號扣。

第7段　鎖針3，長針5，

從套著段數記號扣的基礎鎖針鉤短針3、拔除段數記號扣，

於套著段數記號扣的針目鉤長針1、拔除段數記號扣，

中長針1，短針1，（鎖針3，滑針2，短針1）×4，

中長針1，引拔針1，做成**小環編**　（共29個針目）

第8段　鎖針5，滑針2，短針1，鎖針2，滑針1，長針1，

長針減針1，長針1，鎖針2，滑針1，短針1，

{於下一個鎖針空間鉤（鎖針2，長針3），

於下一個鎖針空間鉤（鎖針2，短針1）}×2，

鎖針2，長針2，於第3個鎖針鉤引拔針1　（共32個針目）

第9段　鎖針1，於第1個鎖針空間鉤短針1，

{於下一個鎖針空間鉤（鎖針3，短針1）}×7，

鎖針3，引拔針1　（共32個針目）

第10段　鎖針5，於第1個鎖針空間鉤短針1，

{於下一個鎖針空間鉤（鎖針2，長針3），

於下一個鎖針空間鉤（鎖針2，短針1）}×3，

於下一個鎖針空間鉤（鎖針2，長針2），

於第3個鎖針鉤引拔針1　（共32個針目）

第11～18段　反覆第9段至第10段四次　（共32個針目）

第19段　鎖針1，於第1個鎖針空間鉤短針1，

{於下一個鎖針空間鉤（鎖針3，短針1）}×7，

鎖針3，引拔針1　（共32個針目）

第20段　鎖針5，於第1個鎖針空間鉤短針1，

於下一個鎖針空間鉤（鎖針2，長針3），

於下一個鎖針空間鉤（鎖針2，短針1），

於下一個鎖針空間鉤（鎖針2，長針3），

於下一個鎖針空間鉤（鎖針2，短針1，鎖針3，短針1），

於下一個鎖針空間鉤（鎖針2，長針3），

於下一個鎖針空間鉤（鎖針2，短針1），

於下一個鎖針空間鉤（鎖針2，長針2），

於第3個鎖針鉤引拔針1　（共36個針目）

第21段　　　鎖針1，於第1個鎖針空間鉤短針1，
　　　　　　｛於下一個鎖針空間鉤（鎖針3，短針1）｝×8，
　　　　　　鎖針3，引拔針1　　（共36個針目）

第22段　　　鎖針5，於第1個鎖針空間鉤短針1，
　　　　　　｛於下一個鎖針空間鉤（鎖針2，長針3），
　　　　　　於下一個鎖針空間鉤（鎖針2，短針1）｝×2，
　　　　　　於下一個鎖針空間鉤（鎖針3，短針1），
　　　　　　於下一個鎖針空間鉤（鎖針2，長針3），
　　　　　　於下一個鎖針空間鉤（鎖針2，短針1），
　　　　　　於下一個鎖針空間鉤（鎖針2，長針2），
　　　　　　於第3個鎖針鉤引拔針1　　（共36個針目）

第23～28段　反覆第21段至第22段三次　　（共36個針目）
　　　　　　預留20cm的線，剪線後用毛線縫針整理收尾。

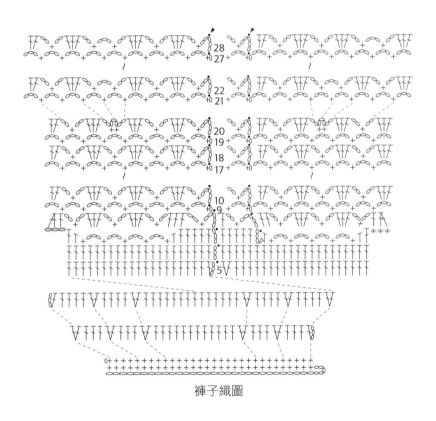

褲子織圖

使用的線材	使用的針	配件	織片密度
Oullim混紡羊毛線	蕾絲鉤針2號 （1.50mm）	四合扣或鈕扣	1cm×1cm 長針・4針×2段

大衣

衣身
〜右邊段

編47個鎖針起針，以往返編織開始。

第1段　　　鎖針1，短針47　（共47個針目）

第2段　　　鎖針1，短針5，中長針2，長針2，長針加針1，（長針3，長針加針1）×7，長針2，中長針2，短針5　（共55個針目）

第3段　　　鎖針3，長針9，長針加針1，（長針4，長針加針1）×7，長針9　（共63個針目）

第4段　　　鎖針3，長針62－於第23目和第51目套段數記號扣（共63個針目）

第5段　　　鎖針3，長針10，長針加針1，

鎖針4－於第2個鎖針套段數記號扣，滑針11，長針17，

鎖針4－於第2個鎖針套段數記號扣，滑針11，長針加針1，長針11　（共51個針目）

第6段　　　鎖針3，長針6，長針加針1，（長針8，長針加針1）×4，長針7　（共56個針目）

第7段　　　鎖針3，長針27，長針加針1，長針27　（共57個針目）

第8段　　　鎖針3，長針7，長針加針1，（長針9，長針加針1）×4，長針8　（共62個針目）

第9段　　　鎖針3，長針30，長針加針1，長針30　（共63個針目）

第10段　　　鎖針3，長針19，長針加針1，（長針10，長針加針1）×2，長針20　（共66個針目）

第11〜12段　鎖針3，長針65　（共66個針目）

第13段　　　鎖針3，長針20，長針加針1，（長針11，長針加針1）×2，長針20　（共69個針目）

第14〜15段　鎖針3，長針68　（共69個針目）

第16段	鎖針3，長針20，長針加針1，（長針12，長針加針1）×2，長針21 （共72個針目）
第17～18段	鎖針3，長針71 （共72個針目）－可按照需要的大衣長度調整次數
第19段	鎖針2，中長針71 （共72個針目）
右邊段	織物不翻面，鎖針2，反覆於長針段的針腳鉤中長針2、直到短針第2段之前，於短針段鉤中長針1，鎖針2，引拔針1 預留20cm的線，剪線後用毛線縫針整理收尾。

左邊段

看著織物正面，在針上做線環，並用引拔針連接頸部的基礎鎖針。

第1段	鎖針2，於第2個短針段鉤中長針1，反覆於長針段的針腳下方鉤中長針2到底，鎖針2，於第2個鎖針鉤引拔針1 預留20cm的線，剪線後用毛線縫針整理收尾。

袖子

看著織物正面，把頸部朝上擺放。在針上做線環後，用引拔針連接袖子下方套段數記號扣的基礎鎖針，並拔除段數記號扣。

第1段	鎖針3，長針1，於長針的針腳鉤長針2， 於套著段數記號扣的針目鉤長針1、拔除段數記號扣， 長針加針9，長針1，於長針的針腳鉤長針2， 長針2，引拔針1，做成環狀編織 （共28個針目）
第2～4段	鎖針3，長針27，引拔針1 （共28個針目）
第5段	鎖針1，短針4，中長針1，長針18，中長針1，短針4， 引拔針1 （共28個針目）
第6段	鎖針1，短針6，中長針1，長針14，中長針1，短針6， 引拔針1 （共28個針目）
第7段	鎖針3，長針27，引拔針1 （共28個針目）
第8段	鎖針3，長針6，長針減針7，長針7，引拔針1 （共21個針目）
第9段	鎖針2，中長針20，引拔針 （共21個針目） 預留20cm的線，剪線後用毛線縫針整理收尾。

連帽斗篷

帽子

緊緊地鉤40個鎖針（繩子）＋28個鎖針，以往返編織開始。

第1段　　鎖針3，（長針2，長針加針1）×8，長針3
　　　　（共36個針目）

第2段　　鎖針3，（長針3，長針加針1）×8，長針3
　　　　（共44個針目）

第3段　　鎖針6，於第4個鎖針鉤引拔針1，
　　　　反覆鉤（長針1，結粒針1）直到剩1目為止，
　　　　鎖針3，於最後一目鉤引拔針1　（共44個針目）
　　　　預留20cm的線，剪線後用毛線縫針整理收尾。

斗篷

緊緊地鉤40個鎖針，看著織物反面，用引拔針連接沒有繩子那一側的基礎
鎖針，以往返編織開始。

第1段　　鎖針1，短針28　（共28個針目）

第2段　　鎖針3，長針5，長針加針1，長針6，長針加針2，長針6，
　　　　長針加針1，長針6　（共32個針目）

第3段　　鎖針3，長針14，長針加針2，長針15　（共34個針目）

第4段　　鎖針3，長針15，長針加針2，長針16　（共36個針目）

第5段　　鎖針3，長針16，長針加針2，長針17　（共38個針目）

第6段　　鎖針3，長針17，長針加針2，長針18　（共40個針目）

第7～11段　鎖針3，長針39　（共40個針目）

第12段　　鎖針3，長針17，長針減針2，長針18　（共38個針目）

第13段　　鎖針3，長針16，長針減針2，長針17　（共36個針目）

第14段　　鎖針3，長針11，長針減針6，長針12　（共30個針目）

第15段　　鎖針3，長針8，長針減針6，長針9　（共24個針目）
　　　　預留30cm的線後剪斷，把線穿進毛線縫針裡，織物對摺，
　　　　並於正面進行捲針縫來收尾。

萬聖節禮服

Halloween
Dress

使用的線材	使用的針	配件	織片密度
Oullim混紡羊毛線	蕾絲鉤針2號 （1.50mm）	彈力線	1cm×1cm 長針·4針×2段

短襯褲

衣身
～右褲管

首先使用彈力線，鬆鬆地鉤32個鎖針後，在第1個鎖針上做引拔針，但要小心別讓鎖針扭轉，以環狀編織開始。

第1段　　　　鎖針1，短針32，引拔針1　（共32個針目）

剪斷彈力線，用Oullim線在針上做線環後，使用引拔針連接針目。

第2段　　　　鎖針3，於後半目鉤｛長針2，長針加針1，（長針3，長針加針1）×7｝，引拔針1　（共40個針目）

第3段　　　　鎖針3，長針3，長針加針1，（長針4，長針加針1）×7，引拔針1　（共48個針目）

第4～6段　　　鎖針3，長針47，引拔針1　（共48個針目）－於最後一段的第25目與最後一目套段數記號扣

第7段（右褲管）鎖針3，於第1目鉤長針1，長針22，長針加針1，鎖針4，滑針24，於第3個鎖針鉤引拔針1，做成**小環編**
（共30個針目）

第8段　　　　鎖針3，長針29，引拔針1　（共30個針目）

第9段　　　　鎖針1，短針1，（鎖針2，滑針2，短針1）×9，鎖針2，滑針2，引拔針1　（共30個針目）

第10段　　　　鎖針1，（於鎖針空間鉤短針2）×10，引拔針1
（共20個針目）

第11段　　　　鎖針1，短針20，引拔針1　（共20個針目）

第12段　　　　鎖針3，於後半目｛反覆鉤（3荷葉編1，長針1）直到剩1目為止，3荷葉編1｝，引拔針1

預留20cm的線，剪線後用毛線縫針整理收尾。

左褲管	看著織物正面，把腰部朝下擺放。
	用引拔針連接縫線那一側、套段數記號扣的針目，並拔除段數記號扣。
第7段	鎖針3，於第1目鉤長針1，
	先空3目鎖針，於基礎鎖針鉤短針4，
	於套著段數記號扣的針目鉤長針加針1、拔除段數記號扣，
	長針22，引拔針1　（共30個針目）
第8段	鎖針3，長針29，引拔針1　（共30個針目）
第9段	鎖針1，短針1，（鎖針2，滑針2，短針1）×9，鎖針2，滑針2，引拔針1　（共30個針目）
第10段	鎖針1，（於鎖針空間鉤短針2）×10，引拔針1（共20個針目）
第11段	鎖針1，短針20，引拔針1　（共20個針目）
第12段	鎖針3，於後半目｛反覆鉤（3荷葉編1，長針1）直到剩1目為止，3荷葉編1｝，引拔針1
	預留20cm的線，剪線後用毛線縫針整理收尾。

長襯褲

衣身 ～右褲管	首先使用彈力線，鬆鬆地鉤32個鎖針後，在第1個鎖針上做引拔針，但要小心別讓鎖針扭轉，以環狀編織開始。
第1段	鎖針1，短針32，引拔針1　（共32個針目）
	剪斷彈力線，用Oullim線在針上做線環後，使用引拔針連接針目。
第2段	鎖針3，於後半目鉤｛長針2，長針加針1，（長針3，長針加針1）×7｝，引拔針1　（共40個針目）
第3段	鎖針3，長針3，長針加針1，（長針4，長針加針1）×7，引拔針1　（共48個針目）
第4～6段	鎖針3，長針47，引拔針1－於最後一段的第25目與最後一目套段數記號扣　（共48個針目）
第7段（右褲管）	鎖針3，於第1目鉤長針1，長針22，長針加針1，鎖針3，滑針24，於第3個鎖針鉤引拔針1，做成**小環編**（共29個針目）
第8段	鎖針3，長針24，長針減針2，引拔針1　（共27個針目）
第9～17段	鎖針3，長針26，引拔針1　（共27個針目）

第18段	鎖針1，短針1，（鎖針2，滑針2，短針1）×8，鎖針2，滑針2，引拔針1 　（共27個針目）
第19段	鎖針1，（於鎖針空間鉤短針2）×9，引拔針1 （共18個針目）
第20段	鎖針1，短針18，引拔針1 　（共18個針目）
第21段	鎖針3，於後半目｛反覆鉤（3荷葉編1，長針1）直到剩1目為止，3荷葉編1｝，引拔針1
	預留20cm的線，剪線後用毛線縫針整理收尾。

左褲管

看著織物正面，把腰部朝下擺放。
用引拔針連接縫線那一側、套段數記號扣的針目，並拔除段數記號扣。

第7段	鎖針3，於第1目鉤長針1，
	先空3目鎖針，於基礎鎖針鉤短針3，
	於套著段數記號扣的針目鉤長針加針1、拔除段數記號扣，
	長針22，引拔針1 　（共29個針目）
第8段	鎖針3，長針減針2，長針24，引拔針1 　（共27個針目）
第9～17段	鎖針3，長針26，引拔針1 　（共27個針目）
第18段	鎖針1，短針1，（鎖針2，滑針2，短針1）×8，鎖針2，滑針2，引拔針1 　（共27個針目）
第19段	鎖針1，（於鎖針空間鉤短針2）×9，引拔針1 （共18個針目）
第20段	鎖針1，短針18，引拔針1 　（共18個針目）
第21段	鎖針3，於後半目｛反覆鉤（3荷葉編1，長針1）直到剩1目為止，3荷葉編1｝，引拔針1
	預留20cm的線，剪線後用毛線縫針整理收尾。

蓬鬆小熊
Soft Bear

使用的線材	使用的針	配件	織片密度
Oullim混紡羊毛線1股	蕾絲鉤針2號（毛線鉤	棉花、蝴蝶結	1cm×1cm
＊使用毛線鉤針時，搭配	針2、3、4號亦可）		短針‧5針×6段
2～4股的毛線			

左腳

把線在手上繞圈，以輪狀起針（環狀編織）開始。

第1段　　　鎖針1，於環圈中鉤短針6，引拔針1　（共6個針目）

第2段　　　鎖針1，短針加針6，引拔針1　（共12個針目）

第3～9段　　鎖針1，短針12，引拔針1　（共12個針目）

　　　　　　預留20cm的線並剪斷。

右腳～
右耳

把線在手上繞圈，以輪狀起針（環狀編織）開始。

第1段　　　鎖針1，於環圈中鉤短針6，引拔針1　（共6個針目）

第2段　　　鎖針1，短針加針6，引拔針1　（共12個針目）

第3～9段　　鎖針1，短針12，引拔針1　（共12個針目）

　　　　　　把剛才織完左腳後預留的線穿進毛線縫針裡，將右腳的最後
　　　　　　3目和左腳一開始的3目用捲針縫連接（為了不讓兩邊末端針
　　　　　　目被拉大，需特別縫兩次）。

第10～13段　鎖針1，短針18，引拔針1　（共18個針目）

　　　　　　填充棉花

第14段　　　鎖針1，短針3，鎖針1，滑針3，短針7，鎖針1，滑針3，短
　　　　　　針2，引拔針1　（共14個針目）

第15段　　　鎖針1，短針3，於鎖針空間鉤短針1，短針7，於鎖針空間鉤
　　　　　　短針1，短針2，引拔針1　（共14個針目）

第16段　　　鎖針1，短針3，短針減針1，短針5，短針減針1，短針2，引
　　　　　　拔針1　（共12個針目）

第17段　　　鎖針1，短針12，引拔針1　（共12個針目）

第18段　　　鎖針1，（短針1，短針加針1）×6，引拔針1
　　　　　　（共18個針目）

第19段　　　鎖針1，（短針5，短針加針1）×3，引拔針1
　　　　　　（共21個針目）

第20～25段　鎖針1，短針21，引拔針1　（共21個針目）－於最後一段的
　　　　　　　第5目套段數記號扣

第26段（右耳）鎖針1，短針1，鎖針2，滑針14，短針3，短針加針1，短
　　　　　　　針2，引拔針1　（共10個針目）

第27～28段　鎖針1，短針10，引拔針1　（共10個針目）
　　　　　　　預留20cm的線，填充棉花後用束口編收緊並收尾。

左耳

在針上做線環，並用引拔針連接套段數記號扣的針目。

第1段　　　鎖針1，短針3，短針加針1，短針3，鎖針2，於第1目鉤引拔
　　　　　　針1　（共10個針目）

第2～3段　　鎖針1，短針10，引拔針1　（共10個針目）
　　　　　　預留20cm的線，填充棉花後用束口編收緊並收尾。

頭頂

在針上做線環，用引拔針連接套段數記號扣的針目，並拔除段數記號扣。

第1段　　　鎖針1，短針1，於左耳的基礎鎖針鉤短針2，
　　　　　　於臉部和耳朵連接的邊角針目鉤短針1，短針4，
　　　　　　於臉部和耳朵連接的邊角針目鉤短針1，
　　　　　　於右耳的基礎鎖針鉤短針2，
　　　　　　於臉部和耳朵連接的邊角針目鉤短針1，短針3，
　　　　　　引拔針1　（共15個針目）
　　　　　　預留20cm的線，填充棉花後用束口編收緊並收尾。

手

把線在手上繞圈，以輪狀起針（環狀編織）開始。

第1段　　　鎖針1，於環圈中鉤短針10，引拔針1　（共10個針目）

第2～6段　　鎖針1，短針10，引拔針1　（共10個針目）
　　　　　　填充棉花

第7段　　　鎖針1，（短針3，短針減針1）×2，引拔針1
　　　　　　（共8個針目）

第8～12段　鎖針1，短針8，引拔針1　（共8個針目）
　　　　　　用鉤針把手穿過軀幹上的洞，拉出充分的線長，再繼續織。

第13段　　　鎖針1，（短針3，短針加針1）×2，引拔針1
　　　　　　（共10個針目）

第14～19段　鎖針1，短針10，引拔針1　（共10個針目）
　　　　　　預留20cm的線，填充棉花後用束口編收緊並收尾。

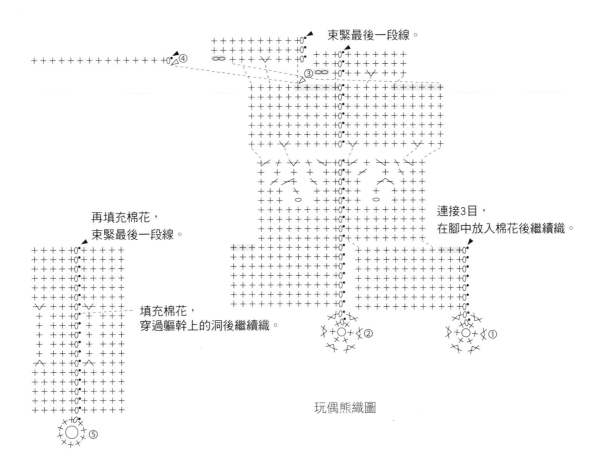

束緊最後一段線。

再填充棉花，
束緊最後一段線。

填充棉花，
穿過軀幹上的洞後繼續織。

連接3目，
在腳中放入棉花後繼續織。

玩偶熊織圖

各部件組合

01 織左腳。

02 織右腳，擺在左腳旁邊。

03 把線穿進毛線縫針裡，將雙腳的各3目用捲針縫連接。

04 接著織軀幹。

05 填充棉花。

06 空出待會要裝手的空間。

07 在要織左耳的位置上套段數記號扣，先織右耳。

08 織完右耳後填充棉花。

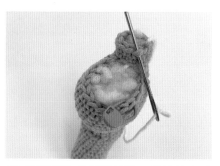

09 把線穿進毛線縫針裡，並讓針由前往後穿過整段針目的前半目。

10 拉線、收緊開口（束口編）。

11 在套段數記號扣的地方接線後，織左耳。

12 左耳也用束口編收緊開口。

13 挑起所有邊緣針目、鉤短針。

14 頭頂用束口編收緊開口。

15 織出一部分的手並填充棉花後，利用鉤針將其通過軀幹。

16 拉出充足的線，繼續把手織完。

17 用束口編收緊開口。

18 整理線頭後，最後用蝴蝶結或珠子裝飾。

台灣廣廈 國際出版集團
Taiwan Mansion International Group

國家圖書館出版品預行編目（CIP）資料

可愛又好做！手織娃娃服：用鉤針＆棒針基礎技法，設計30款袖珍訂
製服 /尹孝振，李珊羅，朴壽真著；林大懇譯. -- 初版. -- 新北市：蘋
果屋出版社有限公司，2024.06
　面；　公分.
　ISBN 978-626-7424-20-9(平裝)
　1.CST: 編織　2.CST: 手工藝

426.4　　　　　　　　　　　　　　　　　　　113005729

蘋果屋
APPLE HOUSE

可愛又好做！手織娃娃服
用鉤針＆棒針基礎技法，設計30款袖珍訂製服【附QR碼教學影片】

作　　　者／尹孝振・李珊羅・朴壽眞	編輯中心執行副總編／蔡沐晨・編輯／許秀妃
譯　　　者／林大懇	封面設計／曾詩涵・內頁排版／菩薩蠻數位文化有限公司
	製版・印刷・裝訂／東豪・弼聖・秉成

行企研發中心總監／陳冠蒨　　　　　　線上學習中心總監／陳冠蒨
媒體公關組／陳柔彣　　　　　　　　　數位營運組／顏佑婷
綜合業務組／何欣穎　　　　　　　　　企製開發組／江季珊、張哲剛

發　行　人／江媛珍
法律顧問／第一國際法律事務所 余淑杏律師・北辰著作權事務所 蕭雄淋律師
出　　　版／蘋果屋
發　　　行／蘋果屋出版社有限公司
　　　　　　地址：新北市235中和區中山路二段359巷7號2樓
　　　　　　電話：（886）2-2225-5777・傳真：（886）2-2225-8052

代理印務・全球總經銷／知遠文化事業有限公司
　　　　　　地址：新北市222深坑區北深路三段155巷25號5樓
　　　　　　電話：（886）2-2664-8800・傳真：（886）2-2664-8801
郵政劃撥／劃撥帳號：18836722
　　　　　　劃撥戶名：知遠文化事業有限公司（※單次購書金額未達1000元，請另付70元郵資。）

■ 出版日期：2024年06月　　　　ISBN：978-626-7424-20-9
　　　　　　　　　　　　　　　　版權所有，未經同意不得重製、轉載、翻印。